中等职业教育中餐烹饪专业教材

面点原料知识

（第三版）

程　璞　谢玉敏　钱　峰◎主编

MIANDIAN
YUANLIAO ZHISHI

中国轻工业出版社

图书在版编目（CIP）数据

面点原料知识 / 程璞，谢玉敏，钱峰主编. —3版
. —北京：中国轻工业出版社，2025.9
中等职业教育中餐烹饪专业教材
ISBN 978-7-5184-4512-7

Ⅰ.①面… Ⅱ.①程… ②谢… ③钱… Ⅲ.①面食—原料—中等专业学校—教材 Ⅳ.①TS972.13

中国国家版本馆CIP数据核字（2023）第150744号

责任编辑：方　晓　　　　责任终审：李建华　　设计制作：锋尚设计
策划编辑：史祖福　方　晓　　责任校对：朱燕春　　责任监印：张京华

出版发行：中国轻工业出版社（北京鲁谷东街5号，邮编：100040）
印　　刷：三河市万龙印装有限公司
经　　销：各地新华书店
版　　次：2025年9月第3版第5次印刷
开　　本：787×1092　1/16　印张：10.75
字　　数：220千字
书　　号：ISBN 978-7-5184-4512-7　定价：39.00元
邮购电话：010-85119873
发行电话：010-85119832　010-85119912
网　　址：http://www.chlip.com.cn
Email：club@chlip.com.cn

251577J3C305ZBW

本书编委会

主　编　程　璞　谢玉敏　钱　峰

副主编　高敬严　贺芝芝　向　军

编　委　李　娇　黄　勇　孙　凯
　　　　陈小雨　韩　伟　徐晏旸

PREFACE

前言

近年来，随着我国社会经济的迅猛发展，国家对中等职业教育越来越重视，2021年10月，中共中央办公厅、国务院办公厅印发了《关于推动现代职业教育高质量发展的意见》。党的二十大报告在谈到职业教育时提出了“推进职普融通、产教融合、科教融汇，优化职业教育类型定位”四个关键词。同时习近平总书记指出，职业教育是国民教育体系和人力资源开发的重要组成部分，是广大青年打开通往成才大门的重要途径，肩负着培养人才、传承技术技能、促进就业创业的重要职责，必须高度重视、加快发展。2022年5月1日，新修订的《中华人民共和国职业教育法》正式施行。2022年12月21日，中共中央办公厅、国务院办公厅印发《关于深化现代职业教育体系建设改革的意见》，这些政策和文件对职业教育来说，是新时期加快发展现代职业教育的根本遵循和行动指南。为职业教育提供了更广大的政策支持和保障，对中等职业教育的发展具有极其重要的意义。

随着社会的发展，餐饮业发展迅速，“工匠精神”也影响着数以千万的餐饮企业，烹饪专业的人才供不应求。在整个社会烹饪专业人才培养的市场中，中等职业院校烹饪专业的人才培养占到一半以上。根据国家对中职教育的发展意见，结合餐饮行业的特点及烹饪人才的需求需要，中职院校也在不断提高教学质量，改进教学方法，不断推进教学改革，尽快地为社会培养更多更好的烹饪人才的要求。

《面点原料知识》自2012年出版以来，弥补了烹饪专业长期以来一直使用《烹饪原料知识》这门教材的缺陷，深受全国职业院校烹饪专业（面点方向）学生的喜爱，随着社会发展，2018年进行了修订，近几年，社会发展迅速，新原料、新工艺、新设备等不断出现，为了更好地适应专业学习，我们在第二版的基础上，组织有关人员对《面点原料知识》进行了第三次修订。力求实用性强、通俗易懂，秉承实用为主，够用为度的原则。全书内容丰富、结构恰当、通俗易懂，是面点教学中不可缺少的重要组成部分，为学生的就业和实际操作打下良好的基础。

本书由江苏省徐州技师学院程璞、烟台文化旅游职业学院谢玉敏和江苏省徐州技师学院钱峰担任主编，长垣烹饪职业技术学院高敬严、南京金陵高等职业技术学校贺芝芝和张家界市高级技工学校向军担任副主编，烟台文化旅游职业学院李娇、江苏省溧阳中等专业学校黄勇、南京金陵高等职业技术学校孙凯、苏州市太湖旅游中等专业学校陈小雨、宁波市古林职业高级中学韩伟、无锡市太湖技工学校徐晏旸参与编写。全书由钱峰进行编纂整理。

本书在编写过程中，得到了江苏省徐州技师学院、烟台文化旅游职业学院、长垣烹饪职业技术学院、南京金陵高等职业技术学校、张家界市高级技工学校、江苏省溧阳中等专业学校、苏州市太湖旅游中等专业学校、宁波市古林职业高级中学和无锡市太湖技工学校相关领导的大力支持，在此表示衷心的感谢。

由于编者水平有限，缺点遗漏在所难免，书中缺点、不妥之处，恳请专家、同行及广大读者批评指正。

编者

CONTENTS

目录

模块 4 果品及其制品

模块 5 蔬菜及其制品

模块 6 蛋、乳及其制品

1

模块

面点原料基本知识

▷ 模块导读

面点原料是指可以用各种烹饪加工方法制作各种面点的原材料。面点原料是制作一切面点的物质基础，要求无毒、无害、有营养价值。广泛地利用各种面点原料，是为了吃的品种更丰富、更营养。严格地选择面点原料，则是为了提高面点的质量，使美味达到最佳的水平。用料的广泛和选料的严格，其根本目的是一致的。

通过本模块的学习，学生能了解烹饪原料的选料和品质鉴定的意义，掌握原料品质鉴定的依据、标准和方法，能够选择高质量的原料，并对采购的原料选择合适的贮存方法进行贮存，以达到在不影响原料品质的前提下延长原料贮存期的目的。

▷ 学习目标

1. 了解面点原料的概念
2. 了解面点原料的化学成分及分类方法
3. 掌握面点原料品质鉴别的指标及方法
4. 掌握影响面点原料品质变化的因素
5. 掌握贮存面点原料的常用方法

项目一

面点原料概述

项目驱动

本项目主要是学习面点原料的定义、知识内容，了解研究面点原料的意义，为进一步学习面点原料的相关知识奠定基础。

知识链接

一、面点原料的定义

面点原料是指在面点加工制作中使用的具有一定食用价值的物质原材料，是烹饪原料中的一个重要组成部分。包括中西式面点中所使用的原料。

面点质量的好坏，很大程度上取决于面点原料的质量。面点原料的品质，主要取决于面点原料食用价值的高低和加工性能的好坏。其食用价值主要取决于面点原料的安全性和营养性；其加工性能主要取决于面点加工制作过程的工艺。

我国面点原料品种繁多，古人在长期的实践中积累了丰富的经验。面点原料知识作为烹饪学科的一门分支，需要我们逐步深入地研究其自然属性和应用原理，使之成为更加完善、更加系统的学科知识。

二、面点原料知识的内容

面点原料知识是以面点加工制作过程中所使用的原料为研究对象，着重研究面点原料的化学成分、形态结构、产地与季节、品质鉴定、贮存保管、面点应用等内容。

1. 面点原料的化学成分

掌握和研究面点原料的化学成分，有助于了解面点原料的营养特点和营养价值，了解面点原料在加工制作中发生的化学变化，以便在加工过程中对原料的化学成分加以保护。

2．面点原料的形态结构

了解和掌握原料的形态结构，有助于正确地识别和加工原料。根据原料的形态结构特点，分析原料的质地、口感、水分、重量等方面内容，能使原料在加工过程中得到合理使用。

3．面点原料的产地、季节

了解和掌握面点原料的产地（区域性），能充分发挥地方名特原料的优势，创造出地方名特产品；正确掌握原料的上市季节（季节性），有助于提高产品的质量和特色，保持产品的时令性。

4．面点原料的鉴定和贮存

了解和掌握面点原料品质鉴定的标准和方法，研究面点原料贮存保管的原理和方法，能更加准确地判断面点原料品质的优劣，从而正确地选择原料，延长原料的使用时间，减少原料的浪费，合理地使用原料。

5．面点原料在面点制作中的应用

了解和掌握面点原料加工过程的一般规律，就能根据原料的口感、口味、质地等性质特点，充分发挥面点原料在面点制作中的作用，更加合理地使用原料，突出原料和产品的特色，使产品达到最佳食用状态。

三、研究面点原料的意义

1．学习面点原料知识是学好面点加工工艺的基础

面点原料知识是中西面点专业的专业基础课，掌握面点原料知识是面点加工工艺的开始，是物质基础，是加工工艺的依据，没有面点原料，就谈不上面点加工工艺。面点原料的好坏是决定面点产品质量好坏的重要因素。掌握和了解面点原料的性能和特点，有助于面点工艺水平的发挥；掌握更多、更新的原料知识，有助于面点产品的创新和提高。

2．学习面点原料知识是充分发挥面点原料食用价值的需要

面点原料富含人类所需的营养物质，同时还含有多种风味物质。面点原料的食用价值决定着面点产品的食用价值，掌握面点原料知识，能充分发挥和保持面点原料经过加工后的最大营养价值和食用价值，使其无论在营养成分上还是在产品风味上，都能达到最佳状态。

3．学习面点原料知识，有助于产品的创新，创造出更多的品种

时代不断前进，人类不断进步，科学不断发展，新原料、新工艺、新产品不断推出。学习面点原料知识，有助于不断认识新原料，利用原料的共性特点，不断创新，从而丰富产品的品种。只有不断地研究原料的性质特点，才能对原料运用自如，才能创出新工艺，创造出更多的新设备，为面点制作工艺服务。

4．学习面点原料知识，有助于科学地认识和发展面点体系

学习和掌握面点知识，有助于我们将传统的实践经验和现代的科学知识结合起来，对面点原料进行科学的研究、总结，分析其发展和应用的内在规律，从而使面点专业更加科学化，使其理论和实践体系更加完善，形成一套科学的面点体系。

项目二
面点原料的分类

项目驱动

本项目主要是学习进行面点原料分类的意义及常用的分类方法。通过学习，要求能够掌握面点原料的各种分类方法，以便更好地将面点原料进行分类。

知识链接

一、面点原料分类的意义

我国地域广阔、四季气候分明、地理环境复杂、地域风俗多样，为各种动植物的生长和加工应用提供了良好的自然环境和人文环境。目前，能被人们所食用的原料近万种，而原料加工后的成品更是丰富多彩。就面点而言，由于加工方法、口味等的变化，其原料也是千变万化。因此，要认真地、系统地、全面地、深入地研究面点原料。

通过对面点原料的分类，可全面反映面点原料的全貌，科学合理地认识原料，从而指导工作人员对面点原料进行科学的选择利用，合理加工、检验和贮存；能使我们系统地认识面点原料的有关知识和面点原料与加工工艺的联系及具体应用。科学地对原料分类，还有助于面点原料的开发和利用，促进面点技术的发展。因此，掌握面点原料的分类方法，对面点理论的研究和加工工艺水平的提高有着重要意义。

二、面点原料的分类方法

面点原料的分类，就是按照一定的标准，对面点原料进行分门别类排列而成的等级顺序。由于不同行业的认识标准不同，对原料的分类也不同，从目前情况来看，面点原料由于分类的标准和依据不同，其分类方法也不同，不同的分类方法有不同的作用，也各自有各自的优缺点。

1．按原料的来源属性分类

（1）植物性原料　包括粮食（图1-1）、蔬菜、果品等。

图1-1　小麦

（2）动物性原料　包括畜、禽、鱼、虾、蟹、贝等。

（3）矿物性原料　包括食盐（图1-2）、碱等。

（4）人工合成原料　包括色素、香料、添加剂等。

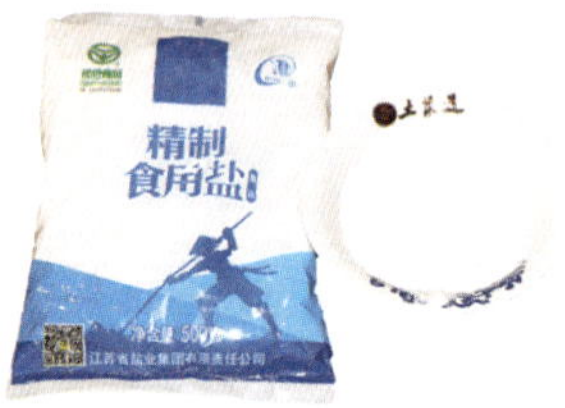

图1-2　食盐

将原料按照来源属性划分，能较好地反映各种原料的性质特点，突出原料的本身属性，有较强的科学性，简单明了、界限分明，但此种分类方法所含范围较广，还需对原料进行进一步分类。

2．按原料在面点中的应用分类

（1）主料　指面点制作中所使用的主要原料。

（2）辅料　指面点制作中所使用的辅助原料。

（3）调料　指面点制作中所使用的调味品。

（4）辅佐料　指在面点制作中所用的能帮助面点成熟、成形、着色等具有辅助作用的原料，如水、油、色素等。

按原料在面点中的应用分类，能反映原料在面点制作中的不同作用和地位，突出原料在面点中的实际应用，与面点专业结合紧密，但反映不出原料的基本属性和特点。由于原料在制作不同品种时，其地位会发生变化，所起的作用也不同，如一种原料在这个面点品种中作主料，但在另一个品种中却成为辅料，因此，该分类比较笼统。

3．按原料的加工与否分类

（1）鲜活原料　新鲜的鱼（图1-3）、肉、蔬菜（图1-4）等。

（2）加工性原料　是对新鲜原料进行加工后得到的成品或半成品，主要有干货原料和复制品原料。

图1-3　罗非鱼

①干货原料　如海参、玉兰片、干果等。

②复制品原料　如香肠、火腿、腊肉、果脯等。

按原料的加工与否分类是一个粗线条的分类。很多原料在加工时，同一品种由于加工方法和加工程度不同，可以加工出多种产品，它们既有共同的属性，又有不同的特点，有的原料既能新鲜食用，又能加工干制，还能加工出多种复制品。因此，该分类缺乏条理性。

图1-4　豌豆苗

4．按原料的商品学分类

（1）粮食　包括大米、面粉、玉米、高粱等。

（2）蔬菜　包括青菜、萝卜、番茄等。

（3）果品　包括水果（图1-5）、干果（图1-6）、蜜饯、果脯等。

（4）肉及肉制品　包括畜肉、禽肉、火腿等。

（5）水产品　包括鱼（图1-7）、虾、蟹、贝等。

（6）干货制品　包括鲍鱼、海参、虾米等。

（7）调味品　包括食盐、酱油、糖、醋、味精、香料等。

按原料的商品种类划分，能突出原料的属性和性质特点。由于商品与人们的日常生活联系较为密切，便于识别，但科学性不够，自身特点不突出，有时还有交叉现象。

图1-5　白兰瓜

图1-6　花生

图1-7　黄颡鱼

5．按原料的面点工艺和用途分类

（1）皮坯原料　如面粉、米粉等。

（2）馅心原料　如用各种动植物原料加工的馅心。

（3）调味料　如食盐、味精、酱油、香料等。

（4）辅佐原料　如色素、香精等。

此类方法与面点工艺结合较为密切，是面点制作中较为常见的一种分类方法。从面点工艺角度看一目了然，但局限性较大。

除以上分类方法外，还有一些其他的分类方法，由于行业和标准不同，分类的方法很多，有些与面点专业联系不多，在此不再列举。

项目三 面点原料的化学成分

项目驱动

本项目主要是学习面点原料所具有的化学成分，通过学习，要求能够掌握面点原料所具有的化学成分，以便更好地掌握面点原料的营养特点。

知识链接

原料的种类繁多，但都是由基本化学成分所组成。其中，能够提供人体正常生理功能所必需的营养及能量的化学成分称为营养素，主要由无机物和有机物两大类组成。无机物包括水和各种矿物质等；有机物包括碳水化合物、蛋白质、脂肪和维生素等。除此以外，还有色素和挥发性的呈味物质和呈香物质，这些成分含量较少，但对面点的质量有很大的影响。

一、碳水化合物

碳水化合物又称糖类，主要供给人体热能。碳水化合物的存在形式主要是淀粉和纤维素，主要类型有单糖、双糖和多糖。原料中碳水化合物的含量与原料的种类、品种、生长环境和生长成熟度有很大关系，粮食中淀粉的含量最高，蔬菜、水果中单糖和双糖的含量较多。

二、蛋白质

原料中蛋白质的种类很多，动物性原料中的蛋白质一般要比植物性原料中的蛋白质含量高，质量也好。蛋白质的组成单位是氨基酸，其结构复杂，目前从蛋白质中分离出的氨基酸有20多种，是人体组织的重要组成成分，根据人体的需要可分为必需氨基酸和非必需氨基酸。必需氨基酸人体不能合成，必须从食物中摄取；非必需氨基酸在人体内可由其他物质转化得到，不一定依靠食物摄取。

三、矿物质

矿物质又称无机盐，是人体不可缺少的物质，在植物性原料中存在较多。目前已经查明的人体内含有的矿物质有50余种，人体必需的矿物质有14种，即钙、磷、钾、钠、硫、镁、碘、锌、硒、铜、钼、铬、钴、铁，若人体缺乏这些矿物质，就会引起机体组织和生理上的异常，但如果摄入量过多，也会危及人体健康。

四、维生素

维生素是维持人体生长和正常新陈代谢所不可缺少的营养素。目前在面点原料中已发现的维生素有30余种，按其溶解性可分为脂溶性维生素和水溶性维生素。脂溶性维生素主要有维生素A、维生素D、维生素E、维生素K等，只溶于脂类或有机溶剂，不溶于水。水溶性维生素主要有B族维生素和维生素C等，易溶于水，在人体内一般不能贮存，过多的水溶性维生素会随着排泄物排出体外。

五、脂肪

脂肪是面点原料中重要的组成部分，也是面点中常用的原料之一，可以提供人体热能和必需脂肪酸，也是脂溶性维生素的主要载体。其构成有脂肪酸和甘油分子，脂肪酸的种类很多，可分为饱和脂肪酸和不饱和脂肪酸，饱和脂肪酸熔点高，消化率低；不饱和脂肪酸熔点低，消化率高。一般来讲，植物性脂肪含不饱和脂肪酸较动物性脂肪含不饱和脂肪酸要多。

六、水分

原料中的水分与原料的种类有关，新鲜蔬菜、水果中含水量较高，谷类和豆类含水量较低。原料中的水分可分为自由水和束缚水，自由水易结冰，可作为溶质的溶剂，束缚水不易结冰，比较稳定。含水量高的原料不易贮存。

项目四 面点原料的品质鉴定

项目驱动

本项目主要是学习面点原料的品质鉴别方法，通过教师的讲授、演示，学生能够掌握对原料进行鉴别的入手点及采用的方法，通过实训提高对原料的鉴定的全新认识。

知识链接

一、面点原料品质鉴定的意义

面点原料的品质好坏直接决定着面点成品的质量，而原料品质的好坏，首先需要对原料进行鉴定。所谓原料的品质鉴定，就是人们利用一定的鉴定手段和方法，通过对原料固有性质特征的变化来判断原料的质量。它是保证面点质量的前提，在具体实践中，做好对原料的品质鉴定工作，对实践有着十分重要的意义。

原料品质鉴定的过程，实际上就是对原料选用的过程，对原料的选用，就是我们实际生活中的选料。选料必须结合产品特色同原料特点相结合而进行，因此，选料前，必须熟悉原料的各种性质特点及加工烹饪后的变化。要知道面点品种的质量特色，就要有目的地进行选料。在选料的过程中不经过品质鉴定，是无法达到选料的效果和目的的。

原料从采集到加工烹饪处理，有一个时间过程，这个过程受到时间、地域等因素限制。原料在贮存过程中，由于受到外部环境因素的变化，加之自身各种因素的作用，从而使原料出现不同程度的变化，这种变化直接影响了原料的使用价值及食用价值，严重的变化会使原料失去食用价值，起到一定的反作用。因此，对原料的品质鉴定，要确定原料变化的程度，鉴定其食用价值和使用价值的大小变化，这个过程是对原料性质进一步理解的过程，要对原料出现变化的各种因素有明确的认识，从而为原料的鉴定提供依据，为原料的贮存和保管提供有效的依据和方法。因此对原料的品质鉴定也是每一个面点工作者应该具备的基本知识。

二、面点原料品质鉴定的依据和标准

对原料品质好坏的鉴定方法很多。但无论使用何种方法进行鉴定，都有一定的标准和要求，这个标准和要求是人们根据原料自身的性质特点及环境因素而制定的，是以原料最佳的食用点为基准要求的，主要包括以下几个方面。

1．原料的固有品质

原料的固有品质也称为原料的使用价值，主要包括原料的营养成分、口味、质地等因素。不同的原料有着不同的品质，有些原料有一定的共性，但不同原料其固有品质也不同，即使同一原料，由于种类关系、地域关系、季节关系等因素，其品质也不尽相同，有时差异还较大。但无论什么原料，其固有品质应以最佳食用点为最好。

（1）营养品质　不同的原料营养成分也不相同，原料的营养价值决定了原料的食用价值。原料因不同生长时期以及存放时间的长短不同，营养成分会发生变化，其营养价值也就不同。因此要结合其他因素，取其最佳营养价值期。

（2）口味和质地　口味和质地是原料固有品质的性质体现，人们食用食物，很大程度上追求于食物的口味和质地，良好的口味和口感满足人们对美食的基本要求。但原料在不同时期会出现不同的口味和质地，有时还会出现使人反感的口味和质地，因此，要正确识别原料的最佳口味和质地时期。

（3）成熟度　产品的质量、原料的质量很大程度上取决于原料的成熟度。

2．原料的新鲜度

原料的新鲜程度同样也决定面点的质量，它是原料品质的最基本要求。原料新鲜度的变化，一般都会通过原料的外观反映出来，通过原料外观的变化，能发现原料新鲜度变化的程度。外观的变化主要通过原料的形态、色泽、重量、质地、气味、水分等因素来判定。

（1）形态　不同原料有不同外部特征。在新鲜和不新鲜状态下，原料的形态都会有所变化，严重的会变形。一般来讲，新鲜度高，原料会保持原有形状，否则，就会变形、干瘪或膨胀，这需要我们有一定的实践经验。因此，通过原料形态的变化，我们可以判断原料新鲜度的变化程度。

（2）色泽　色泽也是原料的另一外观特征，包括色彩和光泽，每一种原料都有其自有的颜色和光泽，但由于自身因素及环境因素影响，原料的颜色和光泽会出现变化。一般来讲，原料的颜色和光泽变为灰、暗、黑、斑点等不应有的色泽时，原料的新鲜度降低。因此，我们可以通过色泽的变化来判定原料的新鲜程度。

（3）水分和重量　新鲜原料都有一定的体积和重量，其中原料的水分是决定原料质地和体积的主要因素。对于鲜活原料而言，由于在存放过程中，原料中的水分会随着环境温度的变化而蒸发，从而使原料体积减小、重量减轻。对于干货原料而言，由于原料吸收了空气中的水分会受潮，重量和体积会增加。因此，原料水分和重量的变化要视不同情况而定，无论原料的水分和重量增大还是减少，其原料的新鲜度都会受到影响。

（4）质地　原料的质地主要是指原料的质感，即原料的老、嫩、韧、脆、绵和糯等方面。原料质地的变化主要是原料在存放过程中自身因素变化的结果。一般来讲，原料由嫩变老，由脆变绵，由硬变软，就证明原料的新鲜程度出现了变化。

（5）气味　不同的新鲜原料，一般都有其特有的气味，它与口味不同。一旦原料出现异味，就说明原料新鲜度降低。

3．原料的卫生

原料的卫生标准主要是指原料在培育生长过程、存放过程或加工处理过程中，是否受到环境等外在因素作用，而使原料出现变化，如自身毒素、化工污染、农药污染、污秽物质、虫卵、病菌等，严重的则不能食用。

三、原料品质鉴定的方法

有了原料的品质鉴定标准，那么在实践应用中，我们就要参照这些标准来对原料进行鉴定。对原料要求不同，其鉴定的方法也不一样，具体来看，主要有理化鉴定、生物学鉴定、感官鉴定三种方法，前两者主要适应于食品检测等科研机构，鉴定细致、精确度高，而后者往往是人们利用实践中总结的经验来判断，简便快捷、精确度低。

1．理化鉴定

理化鉴定主要是指利用物理仪器、机械或化学药剂来对原料的各项指标进行鉴定，以确定原料品质变化的程度。这种鉴定方法、过程较为复杂，必须有一定的场所和设备，检验人员需要有一定的专业知识和操作技能，鉴定的精确度较高，有助于对原料进行科学的检验，具有一定的权威性。

2．生物学鉴定

生物学鉴定主要是指利用动植物或微生物生长的实验手段，来测定原料变化程度的一种方法。如食物通过原料对小动物饲养生长情况的影响，微生物生长培育情况等方面来判断原料的品质好坏，有无毒性，有无污染等，与理化鉴定一样，需要有一定的场所和设备，检验人员需要有一定的专业技术和知识，鉴定的精确度较高，但所需时间较长，过程复杂。

3. 感官鉴定

感官鉴定是指人们利用人体的耳、眼、鼻、舌和手等感觉器官来对原料品质鉴定的一种方法，是人们通过感觉来对原料外部特征的一种反应。通过感觉器官来对原料进行感知分析、比较、判断。方法简单、实用、方便，但要有一定的实践经验。具体方法如下。

（1）视觉检验　视觉检验就是通过人们的眼睛——视觉器官来对原料的外形、颜色、光泽等外部特征进行判断的一种方法。视觉检验一目了然、范围广，凡是能用眼睛判断的，一眼便可辨别，如红色的猪肉、新鲜鱼的眼睛等。

（2）嗅觉检验　嗅觉检验是通过人们的鼻子——嗅觉器官来对原料气味的变化进行判断的一种方法。不同原料有不同气味，一旦原料出现了异味，说明品质有变，如新鲜蔬菜的清香味，水果的香气等。

（3）味觉检验　味觉检验是通过人们舌头上的味蕾——味觉细胞对原料的口味变化来判断的一种方法，味觉就是原料的口味刺激人们舌头时的反应。原料的口味发生变化，说明原料的品质出现了变化。

（4）听觉检验　听觉检验是通过人们的耳朵——听觉器官对原料结构的变化来判断的一种方法。有些原料通过外表看不出变化，但通过对其摇晃或拍打能听出其内部的变化，如鸡蛋、核桃、西瓜等。

（5）触觉检验　触觉检验是通过人们的手——触觉器官来对原料的组织结构的弹性、硬度、粗细、质感等变化判断的一种方法。原料这些变化通过手的触摸，形成人大脑对这一原料的反应，从而判断其变化程度，如鱼的弹性、蔬菜的脆性等。

以上五种方法，适应范围广，但并不单独采用。有些原料用眼睛就能很准确判断，无须再用其他方法；而有些原料，则需要几种方法共用，才能收到良好的效果。

项目五 面点原料的贮存

项目驱动

本项目主要是学习面点原料的贮存方法，通过教师的讲授、演示，学生能够掌握对原料进行贮存的入手点及采用的方法，通过实训提高对原料贮存的全新认识。

知识链接

原料的贮存主要是用以供应制作面点时随时取用，因此，原料贮存的好坏直接影响面点成品的质量，这是保证面点产品成品的重要环节。随着科学的发展，社会的进步，原料的贮存技术也越来越高，保鲜技术也越来越多。由于原料品种繁多，性质各异，因此贮存的要求也不尽相同。作为一个面点工作者，需要了解和掌握原料贮存的相关知识。那么原料在贮存过程中质量为什么会出现变化？变化的程度如何？如何防止这些变化呢？这是本任务要学习的内容。

一、引起原料质量变化的因素

要想贮存好原料，首先要了解原料在存放过程中质量为什么会发生变化。原料质量变化的因素很多，主要有两方面：一是自身因素的影响（内因）；二是环境因素的影响（外因）。外因是变化的条件，内因是变化的根本。

1．自身因素的变化

一般来讲，大多数原料都会拥有多种组织酶及营养成分等不稳定因素，这些都是原料自身因素变化的主要原因。在一定的环境条件下，这些因素会发生变化，从而降低原料的质量。如动物性原料的自溶过程、植物性的呼吸现象、牛奶的凝固现象、脂肪的氧化分解现象等。另外，原料自身水分的多少，pH大小等因素，也会影响原料变化的速度。

2．环境因素的变化

原料在贮存过程中，由于存放的环境不同，其所受的影响也不一样。因此，外部环境很重要。

（1）物理方面　原料贮存环境的物理方面，主要指环境的温度、湿度、日光、空气等因素的影响。

① 温度：环境温度对原料自身因素影响较大，因为合适的温度有助于原料酶的活性，有助于细菌的生长繁殖，从而引起原料的质量变化。但过低的温度，会使某些原料特别是植物性原料的组织结构遭到破坏，并且会使原料口味、口感性质发生变化。而过高的温度，又会使原料中的水分蒸发，促进原料自身生化作用的加速。

② 湿度：合理的湿度能延长原料的贮存时间。湿度过大，会使干货原料吸湿受潮、结块、变色，从而霉变，给细菌等微生物提供生长繁殖条件。湿度过低，会使新鲜原料的水分蒸发，从而影响到原料质量。

③ 日光：日光的照射会加速原料的变化，长时间的日光照射还会使温度升高，如脂肪的酸败、蔬菜的发芽等。同时，日光照射还会影响到营养成分的变化、色泽的变化及口味、质地的变化。

④ 空气：大部分原料是置于空气中贮存。有些原料在与空气的接触过程中会产生氧化分解。另外，有些原料还会吸收空气中的异味，从而受到污染。

（2）化学方面　主要是指原料在贮存过程中，一些化学物质对原料的污染。如一些金属容器会促进酶的作用，一些塑料制品在高温下会产生有毒成分，一些挥发性化学物品的交叉污染等，从而影响到人体的生长健康。因此，贮存过程中，要注意使用一些化学试剂以及盛装容器等，以防止污染。

（3）生物学方面　主要是指原料在贮存过程中，受到各种菌类等微生物以及一些鼠、蝇、虫、蚊的侵害而受到的污染。

① 微生物影响：微生物主要指霉菌，某些细菌和酵母菌，这些微生物对原料的影响很大。这些微生物在合适的温度、湿度、pH等条件下，活性很强，生长繁殖迅速，能迅速加快原料的腐败变质。

② 虫类的影响：鼠、蝇、虫、蚊等因素对原料的侵害性也比较大。原料在贮存过程中极易受到虫类的侵害。原料受到虫类的侵害，其外观、形态、重量、质量都会发生变化，有些还会传播疾病，如老鼠、苍蝇等。

二、面点原料的贮存方法

面点原料的贮存是指根据面点原料品质变化的规律，而采取的相应的方法来延缓原料的品质变化，使其保持一种最佳的食用状态。

原料的贮存方法很多，但不论是采用传统的方法还是利用现代科学技术手段来保鲜，其基本原理都是一样的，都是通过一定的方法和手段来控制原料贮存时的温度、湿度、pH、渗透压等各种外部环境和自身所含成分的变化，以此来控制或杀死微生物、抑制或破坏原料自身酶的活性，从而防止原料的腐烂变质，达到贮存的目的。具体的贮存方法如下。

1．低温贮存法

低温贮存法是指原料在低温下（一般在15℃以下）贮存的一种方法。此法应用普遍，方便安全，多数新鲜动、植物原料的贮存均采用此法。

环境的温度对原料的影响很大。一般来说，在一定的温度范围内温度越高，原料变化越快；温度越低，原料劣变的过程越慢。这是由于原料在低温下，能抑制微生物的生长繁殖，控制原料中酶的活性，减弱了鲜活原料的新陈代谢强度，防止微生物的污染，从而延长了原料的贮存时间，保持了原料的新鲜程度。同时，低温状态下，还延缓了原料中所含的各种化学成分的变化，保证了原料的色、香、味等品质，也降低了原料中水分的蒸发，减少了原料的水分损耗。

一般来说，对不同的原料，采取的低温贮存的温度也不同，根据温度不同，可分为冷藏贮存和冷冻贮存。

冷藏贮存也称为冷却贮存，是将原料贮存于0～4℃的环境中，一般适用于蔬菜、水果、蛋乳品的存放，鲜活的动物性原料短时间也可以。由于这种温度水分不会结冰，因而原料不会出现冻结现象，能较好地保持原料固有的风味品质。但是在这一温度下，嗜冷微生物仍能生长繁殖，且原料中酶的活性并没有在空气中停止，贮存期不太长，一般为数天或数周不等。

冷冻贮存也称为冻结贮存，是将原料置于0℃以下的环境中，使原料中水分部分或全部冻成冰后而贮存的一种方法。此种方法一般适用于新鲜的动物性原料。在冷冻的过程中，由于原料中的水分大部分结成冰，降低了水分的温度，有效地抑制了原料中酶的活性和微生物生长，甚至造成部分微生物死亡，因此，贮存期较长。

冷冻贮存有两种方法：一种是快速冷冻；一种是慢速冷冻。

快速冷冻是将原料置于较低的温度下（一般在-20℃以下），快速冻结的一种方法。这种方法因冷冻速度快，原料细胞内和细胞间能同时形成许多小的冰块，而周围细胞膜损伤较少，解冻后，融化的水分仍保留在细胞组织内外，易使细胞恢复原状，因此营养成分损失较少，能比较好地保留原料的风味品质。

慢速冷冻就是把温度逐渐降低至0℃以下，这种方法容易使原料出现脱水现象，解冻后，会失去原料的风味品质。

无论是快速冷冻还是慢速冷冻，原料在贮存过程中都会失去一定水分，也会使原料的风味、色泽、营养成分及外观发生变化，因此，低温贮存也有一定的贮存期。在冷冻、冷藏原料时，可用保鲜膜或塑料袋将原料包裹起来，或置于水中冷冻，这样可以延长原料的贮存期。

冷冻的原料在使用时，首先要进行解冻，不适当的解冻方法会直接影响原料的质量。一般以自然解冻为好，但时间较长。常用的方法有水解冻法、微波解冻法等。

2．高温贮存法

高温贮存法就是对原料进行加热处理后而对原料贮存的一种方法。此种方法适用于部分动、植物性原料的贮存，但原料加热后其风味品质发生了变化。原料经过加热处理后，绝大多数微生物被杀死，细胞中的酶也会因加热而失去活性，原料自身的新陈代谢终止，从而起到贮存的目的。

高温贮存法，根据加热温度的高低，主要有高温灭菌法和巴氏消毒法。

（1）高温灭菌法　高温灭菌法是指对原料利用高温加热（一般为100～121℃）杀死原料中微生物，破坏酶的活性，从而起到贮存效果的一种方法。一般情况下，多数腐败菌和病原菌在70～80℃条件下经过20～30分钟的加热可杀死，但是已经形成孢子的细菌，因耐热性增强，须在100℃条件下经30分钟或更长时间才能杀死。

（2）巴氏消毒法　巴氏消毒法是法国生物学家巴斯德发明的，是指在62～65℃温度下加热30分钟而杀死微生物的方法。这种方法温度较低，只能杀死破坏微生物的营养细胞，但不能杀死它们的孢子或芽孢，由于温度低，因此，能最大限度地减少加热时对原料品质质量的影响。此法主要适用于啤酒、鲜奶、果汁、酱油等的贮存。随着科学的发展，巴氏消毒法又出现了低温长时间杀菌法、高温短时间杀菌法和超高温瞬间杀菌法等。

3．干燥贮存法

干燥贮存法又称脱水贮存法，是将原料经过晒、晾、烘等方法将原料中的大部分水分去掉，从而保持原料品质的一种方法。此法适用于大部分动、植物原料。在过去，保鲜技术不高明的情况下，很多名贵原料均采用这种方法，即我们所说的干货原料。此种方法是由于原料中的水分减少，原料细胞中的糖、酸、蛋白质等内含物的浓度升高，渗透压增大，使微生物的生长和繁殖受阻。由于水分减少，微生物也失去生长繁殖的条件，使微生物处于休眠状态；同时由于水分减少，原料中酶的活性减弱，新陈代谢下降，从而达到贮存的目的。脱水后的原料体积缩小，重量减轻，便于运输和贮存，但要注意不要贮存在潮湿的地方。

干燥贮存法由于干燥的方法不同，可分为自然干燥和人工干燥两大类。

自然干燥是利用自然界中的能量去除原料中的水分，如日晒、风晾等。此种方法成本低，但干燥时间长，易受污染。

人工干燥是借助一些设备，利用热风、蒸汽、减压、冻结等方法除去原料中的水分，如奶粉、蛋粉等。此种方法时间短、不受天气影响、无污染，但加工成本较高。

4．密封贮存法

密封贮存法也称隔绝空气法，是指将原料严密封闭于一定的容器中，使其和空气、日光隔绝而贮存原料的一种方法。此方法主要是使原料隔绝空气，防止原料被污染和氧化，同时对嗜氧微生物有一定的抑制作用。此种方法适用于大部分动、植物性原料，如各种罐头、塑料包装、浸泡等。

密封贮存法贮存的原料，有的需要加工前高温杀菌，有的经过一定时间的密封，会改变风味。

5．盐腌贮存法

盐腌贮存法是利用食盐对原料进行加工后贮存的一种方法。此种方法是利用食盐的渗透性产生高渗透压，降低水分活性的作用，使微生物脱水而发生质壁分离、蛋白质变性，使微生物难以生长繁殖，同时抑制了原料中酶的活性，从而达到贮存的目的，此种方法适用于大多数动、植物性原料。

盐腌的原料由于食盐的浓度不同，贮存原料的效果也不同，不同微生物对各种盐浓度的抵抗力也不同。一般来说，5%的食盐溶液可抑制一般腐败菌的活动；10%以上的食盐浓度可保持原料不致腐败。

盐腌贮存法由于腌后部分维生素、矿物质随水分析出而被流失破坏，同时会使动物性原料肌纤维变硬，但盐腌后会产生特殊的风味，因此被广泛应用。

6．糖渍贮存法

糖渍贮存法是利用食糖对原料进行加工处理后贮存的一种方法。此种方法是利用糖溶液的渗透性，使原料失水并降低水分活度的作用来抑制微生物的生长繁殖，以达到贮存原料的目的。此种方法主要适用于植物性原料，如蜜饯、果脯等。

一般来讲，糖含量达50%（质量分数）以上就可以抑制微生物的生长繁殖，但在酵母、霉菌中存在着“耐糖”种类，应引起注意。

经过糖渍的品种，贮存效果好，且能产生特殊的风味，改善原料的品质。

7．酸渍贮存法

酸渍贮存法是指将原料浸泡在醋等有机酸中加以贮存的方法。此种方法是利用食用酸来提高原料的氢离子浓度，大多数腐败菌在pH4.5以下时生长发育会受到抑制而不能生存，因而在酸性条件下，能达到贮存原料的目的。此种方法主要适应于植物性原料。

酸渍贮存法有两种情况：一是在原料中加入一定量的醋，利用醋中的醋酸来降低pH，如醋蒜等；二是利用乳酸菌发酵形成乳酸来降低pH，如泡菜等。无论哪种方法，都会增加原料的风味。

8．气调贮存法

气调贮存法是通过改善原料贮存环境中的气体成分而达到贮存的一种方法，是目前较为先进的一种贮存方法。此种方法主要是降低空气中氧的含量，增加二氧化碳或氮气的浓度，从而减弱鲜活原料的呼吸程度，使其呼吸作用达到最低水平，抑制微生物的生长繁殖和原料中化学成分的变化，有时配以低温，从而达到贮存的目的。

气调贮存法实际应用较多，主要适用于蔬菜、水果。其方法主要有机械气调库、塑料帐篷、塑料薄膜袋、硅橡胶气调袋等。

9．保鲜剂贮存法

保鲜剂贮存法是指在原料中加入具有保鲜作用的化学试剂来延长原料贮存时间的一种方法。此种方法主要是利用保鲜剂的作用来控制微生物的生理活动，抑制或杀死原料中的腐败微生物；防止和减慢空气中氧与原料中的物质所发生的氧化还原反应，从而达到贮存的目的。

贮存中常用的保鲜剂有防腐剂、抗氧化剂、脱氧剂等。

（1）防腐剂　食品贮存过程中，常常会加入一些化学物质，这些化学物质能控制微生物的生长发育，抑制或杀死微生物，达到贮存效果。防腐剂中常用的化学物质有苯甲酸、苯甲酸钠、山梨酸钾、二氧化硫、焦亚硫酸钠、焦亚硫酸钾、丙酸钠、丙酸钙等。

（2）抗氧化剂　食品贮存过程中，还常常加入一些防止食品氧化的化学物质，这些物质能与氧作用，从而防止和减弱空气中氧与原料中的一些物质所发生的氧化还原反应，这些物质就是抗氧化剂。常用的抗氧化剂有：丁基羟基茴香醚、二丁基羟基对甲酚、没食子酸甲酯、抗坏血酸等。

（3）脱氧剂　脱氧剂又称游离氧吸收剂，它具有吸除氧的功能。在原料中加入脱氧剂，能吸除原料周围的游离氧和原料中的氧，形成稳定的化合物，防止原料氧化变质，从而达到贮存目的。常用的脱氧剂有二亚硫酸钠、碱性糖制剂、特别铁粉等。

需要注意的是，原料贮存中，无论使用哪一种试剂，都要有一定的剂量，在有的国家，试剂是有一定的标准使用量的，实际工作中应严格执行。

综上所述，原料贮存的方法很多，但在不同时间、不同地域要根据不同原料的性质，选择合理的贮存方法，最大限度地保持原料的新鲜程度，使原料处于最佳食用状态。

思考题

1. 什么是面点原料？
2. 面点原料研究内容有哪些？研究面点原料有什么意义？
3. 面点原料是如何分类的？
4. 为什么要对原料进行鉴定？其鉴定的标准有哪些？
5. 面点原料鉴定的方法有哪些？
6. 原料在贮存过程中为什么会发生变化？贮存原料的方法有哪些？

模块2 粮食及其制品

▷ 模块导读

粮食是面点原料中用得最多的一大类原料，作为中国人的传统饮食，几千年来一直是百姓餐桌上不可缺少的食物之一，在我国居民膳食中占有重要地位。我国居民膳食中约80%的热量和60%的蛋白质是由谷物提供的。现代人吃腻了精米细面，目光开始投向了五谷杂粮，如玉米、小米、大麦……相对而言，粗粮比精制的米面更有营养，除此之外，杂粮还能为人体提供特别的食疗作用。对于常见粮食类原料种类，学生要能够在日常生活中有所接触，对于其加工方法也要有一定的掌握，但对于粮食类原料的营养特点及对人体的影响还要进一步学习掌握。

▷ 学习目标

1. 了解粮食类原料及制品的种类
2. 掌握各种粮食类原料的品质特点及应用
3. 掌握粮食类原料及制品的品质鉴别法

项目一 粮食的营养成分及其应用

项目驱动

本项目主要是学习粮食类原料的基本知识，通过教师的讲授、实物（图片）展示，要求学生能够掌握粮食类原料的营养成分，从而掌握粮食类原料在面点中的应用。

知识链接

粮食是指烹饪食品中，作为主食的各种植物种子总称，也可概括称为“谷物”。粮食基本是属于禾本科植物，所含营养物质主要为糖类，主要是淀粉，其次是蛋白质。供食用的谷物、豆类和薯类的统称。作为主要的食物原料，在人们的日常生活中，粮食所占食物的比例最高。它是人体热能的主要来源，是维持人体日常活动的基础物质（图2-1）。早在2000多年前，《黄帝内经》就有“五谷为养，五果为助，五畜为益，五菜为充，气味合而服之，以补精益气”的记载，说明古人对粮食重要性的认识。我国是一个粮食大国，其品种有20多种，它对丰富人们的饮食、提高人体的健康有着积极的作用。随着社会的进步及科学技术的发展，粮食的内涵也在不断丰富。

图 2-1 燕麦粒

粮食是面点制作中重要的原料，大多数的面点是由粮食来制作的，它不仅制作主食和面点，也是菜肴加工的主要原料，同时还是某些调味品和食品加工的原料。

粮食的营养成分主要包括碳水化合物、蛋白质、脂肪、矿物质、维生素等。其中碳水化合物的含量最高，是提供人体热能的主要来源，无论主粮还是杂粮，它的营养成分基本相似。面点制作所用的原料很广泛，可以分为主料，也就是粉类原料；辅料，也就是馅心类原料；调味料和辅助作料。

一、粮食类原料的营养成分

1．面粉类

面粉是由小麦经磨制加工而成，又称小麦粉。面粉中主要由蛋白质、碳水化合物、脂肪、矿物质和水组成（表2-1），此外还含有少量的维生素和酶类。

表 2-1　面粉的主要化学成分含量表　　单位：%（质量分数）

成分	标准粉	精白粉
水分	11 ~ 13	11 ~ 13
蛋白质	10 ~ 13	9 ~ 12
脂肪	1.8 ~ 2	1.0 ~ 2
碳水化合物	70 ~ 72	73 ~ 75

（1）水分　面粉中的水分含量为11%~13%，若面粉中水分含量过高，在贮存时容易结块并发霉变质，更严重的是造成产品质量下降，因此，面粉中水分含量对生产来说很重要。

（2）蛋白质　面粉中的蛋白质有麦谷蛋白、麦胶蛋白、麦清蛋白和麦球蛋白四种，它们的含量依次为49%、39%、8%、4%。其中麦谷蛋白与麦胶蛋白均不溶于水和稀盐溶液，但其对水有较强的亲和作用，遇水后吸水膨胀，形成面筋网络结构，是面筋的主要成分，称为面筋性蛋白。麦清蛋白和麦球蛋白能溶于水和稀盐溶液，不参与面筋的形成，与面团制造关系不大，称为非面筋性蛋白。

（3）碳水化合物　是面粉的主要组成部分，占面粉总量的75%以上。主要包括淀粉、可溶性糖和纤维素等。其中以淀粉为主，可溶性糖约占碳水化合物的10%。

① 淀粉：主要集中在麦粒的胚乳部分，为白色粉末，吸湿性不强。淀粉不溶于凉水，但在60~80℃的热水中，淀粉粒发生溶胀，直链淀粉分子从淀粉粒中向水中扩散，分散成胶体溶液而“溶”于热水中，但此胶体溶液冷却后即沉淀析出，并且不能再“溶”于热水。支链淀粉则仍以淀粉残余的形式保留在水中。

② 可溶性糖：面粉中的可溶性糖主要有蔗糖、麦芽糖、葡萄糖和果糖，其中还原糖为0.1%~0.5%，蔗糖为1.67%~3.67%。面粉中含有一定量的可溶性糖，在发酵面团制作中为碳源，直接供酵母利用，促进面团发酵。面粉中的可溶性糖也有利于产品色、香、味的形成。

③ 纤维素：纤维素主要存在于麸皮中，在面粉中的含量较少。面粉中纤维素含量多少直接影响制品的色泽和口味。纤维素多的面粉会影响面团的结合力，使面团性

能降低，发酵的制品不松软，体积较小，缺乏层次，外观色黄，口味较差；纤维素少的面粉做出的发酵制品松软，体积较大，外观呈白色，口味好，但营养价值低于纤维素多的发酵制品。因为麸皮含量高的面粉含维生素、矿物质等营养成分相应较高，而且一定量纤维素的存在有助于肠胃蠕动，促进人体对食物的消化吸收。

（4）脂肪　小麦中脂肪主要分布在胚芽及糊粉层中，面粉中脂肪含量很少，通常为1%～2%。面粉中的脂肪多由不饱和程度较高的脂肪酸组成，其碘值为105～140，这种高度不饱和脂肪酸在面粉贮藏过程中易被氧化酸败，使面粉产生陈宿味及苦味，酸度增加，因此，制粉时要尽可能去除脂质含量高的胚和麸皮以延长面粉的安全贮存期。

（5）矿物质　面粉中的矿物质主要有钙、钠、钾、镁、铁等，大多数以硅酸盐和磷酸盐的形式存在。矿物质含量高的面粉，其稳定性较差。面粉中矿物质含量的多少是评价面粉品级优劣的重要标准。

（6）维生素　小麦中的维生素大部分存在于胚芽和麸皮中，以维生素B_1、维生素B_2、维生素B_5及维生素E含量较高。维生素A含量较少，缺乏维生素C，不含维生素D。

（7）酶　面粉中含有一定量的酶类，主要有淀粉酶、蛋白酶、脂肪酶等，这些酶类对面点制作和面粉贮存有着较大的影响。

2．米粉类

大米是制作米粉的主要原料，分为粳米、籼米和糯米。在中式面点中一般将大米经加工磨制成米粉后使用。米粉的化学成分和整粒米完全相同。

表 2-2　不同大米的化学成分表　　单位：%（质量分数）

品种	水分	蛋白质	脂肪	淀粉	灰分	纤维素
早籼	14.1	6.8	1.4	75.8	1.1	0.5
晚粳	14.3	7.1	1.4	75.7	0.9	0.4
糯米	14.2	7.6	1.5	74.8	1.0	0.6

由表2-2中可以看出，大米所含有的蛋白质、脂肪和淀粉等营养成分与小麦基本相同，但两者所含的蛋白质和淀粉的性质却不相同。面粉所含蛋白质是能吸水生成面筋的麦谷蛋白和麦胶蛋白，而米粉所含的蛋白质主要是不能生成面筋的谷蛋白和谷胶蛋白。米粉中所含的淀粉多是支链淀粉，支链淀粉含量：糯米为100%，粳米为82%，籼米为75%。

3．杂粮类

（1）玉米　玉米营养丰富，除含蛋白质、脂肪、碳水化合物（表2-3）及胡萝卜素、维生素B_1、维生素B_2和烟酸、钙、磷、铁外，还含有健脑益智、抗癌防癌、抗衰老等有效成分。

表 2-3　玉米粒化学成分表　　单位：%（质量分数）

品种	水分	淀粉	蛋白质	脂肪	灰分	纤维素
玉米	12 ~ 16	70 ~ 72	8 ~ 11	4 ~ 6	1.2 ~ 1.7	5 ~ 7

（2）豆类　制作面点常用的豆类有黄豆、红豆、绿豆、扁豆（图2-2）、豌豆、蚕豆等品种。它们在面点加工中除了用来制作豆糕、豆酥糖外，主要用于制作馅料。

图 2-2　扁豆

一般黄豆含蛋白质40%、脂肪20%、碳水化合物20%、水分10%、膳食纤维5%、灰分5%及一些生理活性物质，具有很高的营养价值。

（3）薯类　常用于制作面点的薯类有马铃薯、甘薯等。

马铃薯含水分12%、淀粉9% ~ 12%、蛋白质1.5% ~ 2.3%、脂肪0.1% ~ 1.1%、膳食纤维0.6% ~ 0.8%，淀粉含量高。将马铃薯煮熟捣成泥后，可制成各色点心，与面粉、米粉等拌和，可制作各类糕点。

甘薯又名番薯、红薯、地瓜、山芋。含水分12.9%、粗蛋白6.1%、脂肪0.5%、碳水化合物76.7%、膳食纤维1.4%、灰分2.4%。质地软而味香甜。将甘薯煮熟捣烂，与米粉、面粉等掺和后，可制作各类糕、团、包、饺、饼等，干制成粉又可代替面粉制作蛋糕、布丁等点心。

二、粮食类原料的应用

粮食类原料的适用范围非常广泛，这主要是由它的营养成分和食用价值等所决定的。其在烹饪中的主要应用有以下几方面。

1．作为制作主食原料

长江流域及其以南地区主产稻谷，故主食的制作主要以大米为原料，如米饭（图2-3）、菜饭、粥等；黄河流域及其以北地区，主产小麦，故主食的制作主要以面粉为原料，如面条（图2-4）、馍、饼等。

图 2-3　米饭

图 2-4　面条

2．作为制作小吃的主要原料

以谷物制作的糕点、小吃很多，风味各异。米制品有米线、元宵、年糕、粽子等；面制品有油条、馄饨、烧卖、煎饼等。

3．作为制作面点的主要原料

面点制作主要是以粮食为原料，如面粉、米粉、各种豆沙（图2-5）等，是中西面点中最重要的原料。

4．作为制作菜肴的主料和辅料

在菜肴制作中，粮食既可以作为主料来制作菜肴，如八宝饭（图2-6）、蜜汁葫芦、炒素虾仁等，也可以作为辅料来制作菜肴，如珍珠丸子、米粉肉、年糕菜、锅巴菜等。

5．作为制作菜肴的调料和辅助料

由谷物类原料加工的淀粉、面粉、米粉都是菜肴制作中挂糊、上浆、拍粉、勾芡等必不可少的原料。谷物类原料也是加工生产各种调味品的主要原料，如酒、醋（图2-7）等。

图 2-5　红豆沙

图 2-6　八宝饭

图 2-7　醋

项目二 粮食的种类与应用

项目驱动

本项目主要是学习粮食类原料的种类及其特点的相关知识，通过教师的讲授、实物（图片）展示，学生能够掌握各种粮食类原料的营养、特点及粮食类原料在面点中的应用。

知识链接

一、大米

大米是由稻谷经脱壳加工而成。我国是世界上主要的产稻国家，稻的品种和种类较多。按其生长的自然环境可分为水稻和旱稻；按其生长期长短可分为早稻、中稻和晚稻；按其形态和性质特点可分为籼稻、粳稻和糯稻。

大米是稻谷的主要组成和食用部分。目前，我们国家的大米主要有籼米、粳米、糯米及其他米等。

1．籼米

籼米又称南米、机米，在我国大米中产量最多，主要产于四川、湖南、广东等省份。根据其收获季节，可分为早籼米和晚籼米两种。其主要特征是：粒形细长、横断面为扁圆形、灰白色、籼米透明的较多、硬度中等、黏性小，因含直链淀粉较多、涨性大、出饭率高、口感干而粗糙（图2-8）。

图2-8 籼米

面点运用：除作为主食外，主要用来煮各种粥；面点中主要应用其米粉，如制作米糕，也可用于发酵。

2．粳米

图 2-9　粳米

粳米又称圆粒大米，其产量仅次于籼米，主要产于华北、东北、江苏等地。根据收获季节，可分为早粳米和晚粳米两种。比较有名的品种有天津的小站米，黑龙江的响水大米、五常米等。其主要特征是：硬度较硬、有韧性、涨性小、黏度及出饭率都不及籼米、口感比籼米好、柔软香甜可口（图2-9）。

面点运用：除作为主食外，主要用来煮各种粥，面点中主要应用其米粉，如制作米糕、米粉、米团等，也可用于发酵。

3．糯米

图 2-10　糯米

糯米又称江米、酒米，主要产于浙江、江苏等地。其主要特征是：米粒宽厚、近似圆形、硬度低、黏性大、涨性小、色泽乳白、不透明、出饭率低（图2-10）。

面点运用：在面点运用中较广，可直接加热应用，也可磨成粉后制作。如八宝饭、粢米糕、粽子、元宵、年糕等，发酵后可用来酿酒。

4．其他米类

图 2-11　香米

（1）香米　又称香禾米。西汉时已有种植，唐代被列入贡米，其香味除品种因素外，主要是土壤及地下水含锌、锰、钛、钒、钴、锶等微量元素所致，不能异地种植。其主要的品种有云南的“八宝香”、贵州的“香禾”、广东的“万家香”等。其主要特征是：半透明、光滑油润、腹白小、香味奇特且有挥发性；蒸煮米饭时拌和少许香米，米饭柔软浓香、清香四溢、有补脾、健胃、清肺之功效，被誉为“粮中珍品”。目前，市场上以泰国香米较为有名（图2-11）。

面点运用：除作为主食外，主要用来煮各种粥，面点中常用于做各种米糕、面包等点心。

图 2-12　黑米

（2）黑米　也称为红米、白糯米、药米、长寿米，是我国古老而名贵的品种，有籼、糯两种，外表墨黑，营养丰富，药食兼用，长期食用，可延年益寿，特别适合补血之用，历代帝王把它作为宫廷养生珍品，列为贡米。主要产于陕西、贵州、湖南等地，江苏常熟产的鸭血糯较为有名（图2-12）。其主要特征是：硬度低、黏性一般、涨性小，因其外部有坚韧的种皮包裹，不易煮烂。

面点运用：常用于做粥、糕、八宝饭等。

（3）红米　红米是大米的一种。它是山泉水滋润、日照时间短、生长期较长、米质较好、营养价值较高。但其稻皮坚韧，加工出来的大米较粗糙，食用时难以下咽。主要产于山区，以江西井冈山所产较好。其主要特征是：米色粉红、糯性、米粒长、有香气、含有锌、有机锗、硒等特殊营养成分，且有抗癌、滋阴补肾、健脾开胃、延缓衰老之功效（图2-13）。

图 2-13　红米

面点运用：主要应用于米糕、八宝饭等点心。

（4）七彩米　七彩米是中国水稻研究所培育出的优质品种，有黑香糯、紫香糯、绿宝1号、红香米、金香米、银香糯和香粳米等七色米（图2-14）。是集色、香、味、营养于一体的纯天然保健米。富含人体8种必需氨基酸和多种维生素、微量元素——锌、铜、铁、硒、锰等含量也比普通大米高33%，经常食用，能促进儿童生长发育、智力开发，具有补血益气、温肾健脑，延缓衰老、延年益寿的作用，是当代的大米新秀。

图 2-14　七彩米

面点运用：可煮成粥、饭、羹和做添加米，也可做八宝粥、饭（煮饭前先浸泡1～2小时）。

二、面粉

面粉是由小麦经磨制加工后而得到的产品，也称小麦粉，是面点制作的主要原料。

小麦是世界上种植数量最多的粮食作物。我国食用的小麦品种主要有普通小麦、圆锥小麦、硬粒小麦、密穗小麦、东方小麦和波兰小麦等。其中以普通小麦最多，主要产于黄河、淮河流域及华北平原等地，以河南省产量最多。按其季节可分为冬小麦和春小麦；按麦粒性质可分为硬麦和软麦；按麦粒的颜色可分为白麦和红麦。

小麦经磨制加工后，得到的面粉是人们生活中的主要食物来源，尤其是在北方更为普遍。

面粉由于分类标准不同，其分类的方法也不同。

（一）面粉的分类

1．面粉按加工精度分类

面粉按加工精度和用途可分为等级粉和专用粉两大类。

等级粉：按加工精度不同，可分为特制粉、标准粉、普通粉三大类。

专用粉：是利用特殊品种小麦磨制而成的面粉，或根据使用目的需要，在等级粉的基础上加入食用增白剂、食用膨松剂、食用香精或其他成分，混合均匀而制成的面粉。专用粉的种类多样，配方精确，质量稳定，是制作高质量制品的主要原料。

2．面粉按蛋白质含量分类

面粉按蛋白质含量可分为高筋面粉、中筋面粉和低筋面粉。

高筋面粉：又称强筋面粉，其蛋白质和面筋含量高。蛋白质含量为12%～15%，湿面筋值在35%以上。最好的高筋面粉是加拿大产的春小麦面粉。高筋面粉适宜制作面包、起酥点心、泡芙点心等。

中筋面粉：是介于高筋面粉和低筋面粉之间的一类面粉。蛋白质含量为9%～11%，湿面筋值为25%～35%。美国、澳大利亚产的冬小麦和我国的标准粉及普通面粉都属于这类面粉。中筋面粉适宜制作大型水果蛋糕、肉馅饼等。

低筋面粉：又称弱筋面粉，其蛋白质和面筋含量低。蛋白质含量为7%～9%，湿面筋值在25%以下。英国、法国和德国的弱力面粉属于这一类。低面筋粉适宜制作蛋糕、甜酥点心、饼干等。

3．面粉按精度分类

面粉按精度可分为：精制粉、标准粉和普通粉。

精制粉：加工精度高，麸皮碎片小，含量少，且灰分含量小于0.7%。

标准粉：加工精度中等，麸皮碎片较小，含量较少，且灰分小于1.1%。

普通粉：加工精度低，麸皮碎片大，含量多，且灰分小于1.6%。

4．面粉按性能和用途分类

面粉按性能和用途可分为专用面粉、通用面粉、营养强化面粉等。

专用面粉：指用于某专项产品加工而制作的面粉，如面包粉、饺子粉、饼干粉等。

通用面粉：是指大众化面粉，适用性广，如标准粉、富强粉等。

营养强化面粉：营养强化面粉是将天然或人工合成的营养添加剂，在面粉加工过程中添加进去，使之成为营养更全面的一种面粉，以弥补营养素不足。从外表看，普通面粉和强化面粉无论是颜色、味道，还是手感都很难区别，加工成各种食品后，在外观和口感上也无差异，后者只是更具营养，更有利于人的身体健康。国家规定，凡经过营养强化的食品必须标明营养强化食品字样及生产厂名、生产日期、强化品种、强化剂量、食用对象的食用方法等。由于营养素在存放时间或光照作用下会失去营养作用，因此，不宜久存或曝晒。主要品种如：增钙面粉、富铁面粉、“7+1”营养强化面粉（7指铁、钙、锌、维生素B_1、维生素B_2、叶酸、烟酸；1指一种建议配方维生素A）等。

面粉是人们生活的必需食品，其质量是否合格，不仅关系人民群众的利益，还关系到其身体健康。国家市场监督管理总局和国家标准化管理委员会在2021年12月31日发布了GB/T 1355—2021小麦粉的国家标准。

（二）面粉的用途

中西面点使用的面粉主要是白面粉，它来自麦粒的胚乳部分。市场上还出现了全麦面粉、黑面粉等。根据需要，不同品种的面粉可单独使用，也可入其他原料后使用。中西面点中的水调面团、混酥面团、面包面团等都是以面粉为主要原料，掺入其他原料而制成的。由于淀粉和蛋白质成分的存在，面粉在制成品中起着“骨架”作用，能使面坯在成熟过程中形成稳定的组织结构。例如：面包面粉的择选。

面粉是生产面包的较重要原料，只有高质量的面粉才能生产出高质量的面包。因此，选择面包面粉时要注意以下几点：

1．面粉筋力

面粉中的面筋形成网状结构，构成血包的“骨架”。面筋筋力不足会影响面包的组织和形状，因此，面粉要有足够数量的蛋白质和优质的面筋。

2．面粉白度

面粉颜色影响面包的颜色。越靠近麦粒中心部位磨制的面粉颜色越白、品质越好。所以面粉颜色可以判断面粉品质的好坏。

3．发酵耐力

即面团超过预定的发酵时间还能生产出良好质量的面包。面粉发酵耐力强，对生产中各种特殊情况适应性就强，有利于保持面包质量。

4．吸水率

面粉吸水率高低不仅影响面包质量，而且直接关系到经济效益。吸水率高，出品率也高，能降低产品成本，有利于产品贮存和保鲜。

（三）面粉添加剂

在面粉及食品加工、生产、贮存等过程中加入和使用少量化学合成物质或天然物质，称为面粉添加剂。它们必须不影响营养价值，并具有防止腐败、变质，增加制品感官性状或具有提高面制品质量的作用，绝不能为了掩盖面粉的变质而使用面粉添加剂。

1．面粉添加剂的作用

维持和增加面粉的营养成分，改善面粉的强度，增加发气能力和保水能力，延长面粉的保存时间，加强面粉、面团的相对稳定性，减少面粉的损耗，增强面粉的色、香、味和组织结构等方面的特性，改善面粉物理性质，便于面制食品的加工。

2．面粉及食品添加剂的种类

面粉和面制品添加剂的种类繁多，目前还没有一个统一的分类方法。一般把添加剂分成下列种类：防腐剂和杀菌剂、抗氧化剂、着色剂和发色剂、香精、甜味剂及调味剂、增稠剂、乳化剂、品质改良剂、漂白剂、膨松剂、营养添加剂。

3．几种常用面粉添加剂

在制粉厂，因小麦品种、供应、需求和价格的变化，当不能完全符合质量要求时，为保证产品质量，在面粉内加入一定量的添加剂，以生产出各种用途的专用面粉，使食品工业生产出质地优良，并具有色正、柔软、可口疏松、弹性好，易保管和不易“老化”等特点的最佳产品，满足市场需要。

（1）增加面粉营养价值的添加剂　一般把增加面粉营养价值的添加剂，称之为面粉强化剂，如各种氨基酸、维生素和矿物质等。

（2）增加面粉面团筋力的添加剂　凡具有分子式R－CH＝CH－COOH或R－CH＝CH－COOM（R为烷基、M为金属）的不饱和脂肪酸及其盐类化合物，均有增强面筋筋力的特性，常用的油酸一般用量为0.05%～0.1%，就属于这类分子结构。其作用原理，通过分析认为，这类物质分子一方面能使蛋白酶钝化，另一方面限制了面筋蛋白质吸水，而本身的分子极性能与面筋蛋白质作用形成强有力的交联空间构型，从而增加了面筋的筋力。油酸对面筋有强烈的影响，所以，加入量需通过实验来确定，否则面筋的筋力过强，使面制品不膨发，体积收缩变小。

（3）能改善面粉面团组织结构和防止“老化”的添加剂（一般称为乳化剂）　乳化剂是一类表面活性物质。由于在乳化剂分子内部的一端具有亲水的特性，另一端具有亲油的特性，因而在面团调制过程中能使油脂乳化分散得均匀，在食品烘烤过程中，能得到良好的内部组织结构和均匀的蜂窝状。由于乳化剂的作用，可防止和延缓面制食品的“老化”，始终有新鲜感。常用的乳化剂有单甘油酯、硬脂酰乳酸酯、硬脂酸酰酸盐、二乙酰酒石酸单甘酯、蔗糖脂肪酸酯、大豆蛋白及磷脂等。加入量为面粉量的0.1%～0.5%。上述中的单甘油酯具有多功能，可使食品松软、体积增大、缩短发酵时间等。

（4）能缩短面粉面团发酵时间的添加剂　这类物质多半是酵母和各种酶的混合制剂。在面包第一次发酵时100千克面粉加30克α-淀粉酶，可使发酵时间缩短25%～30%。目前，新研制的PAS就是面团的助发剂，用于面团快速发酵，效果颇佳，已批量生产。其用量：发酵面团可用0.3%～0.4%，不经过发酵的面团可用1.5%。

（5）能够对面粉面团起多功效作用的添加剂　根据生产条件和面团特性，用氧化剂、乳化剂、维生素C、酵母和酶按比例组合起来，以起多功效作用，生产出优良的专用面粉，成为食品工业的最佳原料。

目前，食用的各种面粉添加剂的生产和应用，已经引起了国内外生产厂家和科研单位的重视，我国正处在研究、应用和发展的过程中。

三、其他粮食

（一）小米

小米又称粟，古代称禾，我国北方通称谷子，去壳后称为小米，是我国古代的主要粮食作物，约有8000年的历史，主要产于我国北方黄河流域。其主要特征是：生长耐旱、品种繁多、卵圆形、极小、滑硬，有红、白、黄黑、橙、紫等各种颜色，有“粟有五彩”之称（图2–15）。按成熟早晚可分为早、中、晚三种；按子粒黏性可分为糯粟和硬粟两种。

图2–15　小米

小米营养丰富，其蛋白质（9.7克/100克）、脂肪（1.7克/100克）、碳水化合物（76.1克/100克）的含量都比稻麦高，胡萝卜素、维生素B_1的含量居所有粮食之首。

面点运用：小米在现代社会属健康食品，可单独煮熬，也可添加大枣、红豆、莲子、百合等，熬成风味各样的营养品，小米磨成粉后，可加工制作多种点心，如窝头、丝糕等。

（二）玉米

玉米又称玉蜀黍、苞谷、苞米、珍珠米、棒子、玉菱、玉麦和芦黍等，是世界第三大粮食作物，在我国播种面积很大，分布也很广，主要产于河北、河南、山东、黑龙江等地。

玉米营养丰富，每100克玉米含热量196千卡、膳食纤维1.2克、蛋白质3.8克、脂肪2.3克、碳水化合物40.2克，玉米中含有大量膳食纤维和矿物质镁，可加强肠壁蠕动，促进机体废物的排泄，对于减肥非常有利。黄玉米还含有丰富的叶黄素（图2–16）。

图2–16　玉米

玉米籽粒根据其形态、胚乳的结构以及壳的有无可分为硬粒型、马齿型、半马齿型、粉质型、甜质型、蜡质型、爆裂型、有稃型。

依据种皮颜色玉米分为黄玉米、白玉米和混合玉米。

按商品分类，玉米可分为常规玉米和特用玉米。所谓特用玉米，指的是除常规玉米以外的各种类型玉米。传统的特用玉米有甜玉米、糯玉米和爆裂玉米，新近发展起来的特用玉米有优质蛋白玉米（高赖氨酸玉米）、高油玉米和高直链淀粉玉米等。由于特用玉米比普通玉米具有更高的技术含量和更大的经济价值，国外把它们称之为“高值玉米”。

其他特用玉米和品种改良玉米包括高淀粉专用玉米、青贮玉米、食用玉米杂交品种等。

面点运用：玉米在面点运用中应用较广。玉米磨成粉后，可制作玉米粉、玉米糕、窝头、丝糕、白粉冻、各式蛋糕、饼干等。

（三）高粱

高粱又称蜀黍、蜀秫，是一种高产农作物，主要产于东北地区。其种子为卵圆形、微扁、质黏或不黏。喜温暖、抗旱、抗涝。按籽粒颜色可分为白高粱、黄高粱、黑高粱、红高粱等，以白高粱的质量最好；按性质可分为粳、糯两种；按性状及用途可分为食用高粱、糖用高粱、帚用高粱等（图2-17）。

图 2-17　红高粱

高粱的营养成分基本与大米相似，但脂肪及铁的含量则高于大米，但加工过粗则饭色会发红、味涩，并妨碍人体对蛋白质的消化和吸收。

面点运用：高粱用途较广，除用作主食外，还可磨成粉制作面条、面鱼、面卷、煎饼、蒸糕、黏糕等。

（四）荞麦

图 2-18　荞麦（去壳）

荞麦又称乌麦、花麦、三角麦，是我国古代重要的粮食作物和救荒作物之一。其主要特征是：子粒呈三棱卵圆形，生长期短，春秋均可播种，适应性强（图2-18和图2-19）。主要品种有甜荞、米荞、翅荞和苦荞。

图 2-19　荞麦（带壳）

荞麦营养成分丰富、营养价值高，且含有其他粮食作物所缺乏和不具有的特种微量元素及药用成分，对现代“文明病”及中老年心脑血管疾病有预防和治疗功能。

面点运用：荞麦食味清香，可制作多种荞麦食品，如荞米饭、荞米粥和荞麦片，也可加工制作成面条、烙饼、面包、糕点、荞酥、凉粉、血粑和灌肠等民间风味食品。

（五）莜麦

莜麦又称裸燕麦、油麦。根据播种期可分为夏征麦和秋蔽麦。其主要特征是：子粒瘦长、有腹沟、表面生有茸毛、形状为筒状或纺锤形、喜寒凉、耐干旱、抗盐碱、生长期短（图2-20）。

图 2-20　莜麦

莜麦营养丰富、蛋白质含量高，而且人体必需氨基酸的组成也比较平衡，脂肪中含有较多亚油酸，是老年人常用的养生食品。

面点运用：莜麦出粉率高，近九成以上，吃水量大，0.5千克莜麦面可做1千克成品。除作主食外，还可制作多种食物及风味小吃，如面卷、面条、猫耳朵、莜麦窝窝等，近年来，还加工制作麦化罐头、饼干、莜麦片等。

（六）燕麦

燕麦也称皮燕麦，原产欧洲和地中海一代，现我国西北、内蒙古、东北一带种植较多。其果腹面有纵沟，布稀疏茸毛，成熟时内外稃紧抱子粒不易分离（图2-21）。

图 2-21　燕麦

燕麦粉营养丰富、蛋白质含量高、必需氨基酸比例合理，B族维生素含量居各类谷物之首，尤其富含维生素B_1，能够弥补精米精面在加工中流失的大量B族维生素。此外，燕麦是谷物中唯一含有皂苷素作物，可调节人体肠胃功能，降低胆固醇。

面点运用：燕麦可加工多种食物及风味小吃，也可加工成燕麦片等食品。

（七）大麦

大麦是我国古老的粮食作物之一。植株似小麦、子粒扁平、中间宽、两头尖、呈纺锤形、成熟时籽粒与内外稃紧密粘连（图2-22）。

图 2-22　大麦

大麦富含蛋白质、脂肪、碳水化合物、维生素、矿物质等，具有解热消渴、益气调中，壮力养血等功效。

面点运用：大麦可作主食，大麦粉可制作多种点心，如麦片、麦片糕等。

（八）青稞

青稞也称裸大麦、裸粒小麦、元麦。子粒的皮色有黑、白、花紫、黄等各种颜色，主要产于西藏、青海一带（图2–23）。

青稞富含蛋白质、脂肪、碳水化合物、纤维素、硫胺素等，具有提神、生津等功效。

面点运用：青稞可制作主食、也可制作多种点心。

图 2–23　青稞

（九）甘薯

甘薯又称山芋、红薯、红苕、白薯、地瓜、番薯等。食用部位为其块根，一般有纺锤形、圆形、圆筒形、梨形（图2–24）。甘薯按颜色可分为红薯、紫薯和白薯，主要产于华东、华北、东南、西北等地。

图 2–24　甘薯

甘薯含有丰富的淀粉、膳食纤维、胡萝卜素、维生素A、B族维生素、维生素C、维生素D、维生素E以及钾、铁、铜、硒、钙等10余种微量元素和亚油酸等，营养价值很高，被营养学家们称为营养最均衡的保健食品，这些物质能保持血管弹性，对防治老年习惯性便秘十分有效。甘薯的不足之处是缺少蛋白质和脂质。甘薯含有大量的淀粉、质地软糯而味香甜。

面点运用：甘薯食用方法多样，可制作糕、包、饺、饼等食品；干制成粉可代替面粉制作蛋糕、布丁等点心。

（十）紫薯

紫薯又称黑薯，薯肉呈紫色至深紫色。它除了具有普通红薯的营养成分外，还富含硒元素和花青素。花青素为紫薯的主要成分之一（图2–25）。

常用于一些糕点的制作；还可去皮烘干粉碎后加工成粉，色泽美观，营养丰富，是极佳的食品加工原料，可作为各种糕点的主料或配料。

图 2–25　紫薯

（十一）木薯

木薯为世界三大薯类（木薯、甘薯、马铃薯）之一。可分为甜、苦两个品种类型。全世界热带地区广为栽培。有肉质长圆柱形块根，块根肉质富含淀粉，供食用或作糊料，可磨木薯粉、做面包、提供木薯淀粉和浆洗用淀粉乃至酒精饮料（图2–26）。但根、茎、叶内均含氰基甙，不易生食，必须用水久浸，并煮熟以解除毒性。

图2–26　木薯

（十二）马铃薯

马铃薯又称洋芋、土豆、地蛋、山药蛋等，原产于南美洲，明代传入我国，全国各地均有栽培，西南和东北地区为主要产地，易栽培、高产量、耐贮存、夏、秋季节上市。

图2–27　马铃薯

马铃薯的品种较多，形状有球形、椭圆形、扁平形、细长形等；颜色有黄、白、红等颜色，肉质有白、黄两种颜色，白色最为常见（图2–27）。主要品种有丰收白、白头翁、克新1号、山东15号等。

马铃薯营养丰富，富含淀粉和各种维生素，国外营养学家称它为“十全十美的食物”“第二面包”，许多国家用它作主食，对人体有和胃、调中、健脾益气、消炎等功效。

马铃薯食法多样，面点制作中主要利用马铃薯富含淀粉的特点，制作土豆泥等系列品种。

值得注意的是，一是马铃薯去皮后易变色，因此，马铃薯去皮后要泡在水中，防止褐变；二是马铃薯发芽后会产生龙葵素等有毒成分，特别是在发芽部分，因此，发芽的马铃薯最好不要食用。

（十三）大豆

大豆又称黄豆，鲜嫩的时候称为毛豆（图2–28），是我国主要的农作物品种。其形态有球形、椭圆形、长椭圆形、扁圆形等（图2–29）。颜色有黄色、青色、黑色、褐色、红色等。主要产于东北地区。

图2–28　毛豆

大豆营养价值很高，富含蛋白质、脂肪、碳水化合物及多种矿物质和微量元素，经常食用对高血压、冠心病有一定疗效。

面点运用：面点制作中常用豆粉来制作点心，如将大豆粉与玉米面、小米面等掺和制作窝头、豆粒或豆粉饼干。

图2–29　黄豆

（十四）赤豆

赤豆又称红豆、红小豆、赤小豆等，因皮色赤红而得名。其形态有矩圆、圆锥形和圆形三种。以粒大、皮薄、红紫色且豆脐上有白纹者品质最佳；粒深赤者较次；粒长，色灰暗或多斑者品质最次。主要产于东北、华北及华南等地（图2-30）。

图 2-30　赤豆

赤豆富含蛋白质、脂肪、碳水化合物、矿物质、维生素以及部分微量元素。有清热解毒、利小便、消胀补血等功效。

面点运用：面点制作中主要用于制作馅心、豆沙、豆泥等，也是制作副食品的主要原料。

（十五）绿豆

绿豆又称青豆，其品种很多，按其颜色可分为青绿色、黄绿色、墨绿色。以粒大整齐，色绿而有光泽者为上品（图2-31）。主要产于河南、河北、山东、安徽等地。

图 2-31　绿豆

绿豆富含蛋白质、脂肪、矿物质、维生素、多种纤维素和叶酸等。具有清热解毒、生津止渴、利尿等功效。

面点运用：绿豆的用途极广，在面点制作中可做多种糕点，如绿豆糕、绿豆饼等。用绿豆制作的淀粉是优质淀粉。

（十六）蚕豆

蚕豆又称胡豆、佛豆、罗汉豆、倭豆，汉代时从西域传入我国。鲜嫩时多作为烹饪原料。按其子粒大小可分为大粒、中粒、小粒；按其颜色可分为青皮、白皮等（图2-32）。主要产于四川、云南、江苏等地。

图 2-32　蚕豆

蚕豆富含蛋白质、碳水化合物及微量元素等，具有养胃、补中益气、滋脏腑、润肠等功效。

面点运用：蚕豆在面点制作中多制作糕点，如蚕豆粒、蚕豆饼等，也可制作各种副食。

（十七）豌豆

图 2-33　豌豆

豌豆又称麦豆、寒豆、毕豆、淮豆。其芽叶鲜嫩时及嫩荚种子作蔬菜食用。其形状有圆球形、椭圆形、扁圆形等，以圆球形居多；颜色有黄、白、绿、红、褐、黑等颜色（图2-33）。主要产于江苏、四川、河南、湖北等地。

豌豆营养丰富，具有健脾和胃、生津止渴、利尿等功效。

面点运用：豌豆在面点制作上常用作馅心，也可制作成泥。

（十八）薏仁米

图 2-34　薏仁米

薏仁米又称薏苡仁、药玉米、感米、薏珠子、薏米、薏仁、苡仁、苡米等，由薏苡的种子加工而成，属药食两用的食物（图2-34）。薏米原产我国和东南亚。薏米的营养价值很高，薏米中含有蛋白质、脂肪、碳水化合物、膳食纤维、钙、磷、铁、维生素B_1、维生素B_2、烟酸、淀粉、亮氨酸、精氨酸、赖氨酸、酪氨酸、脂肪酸、薏仁酯、薏仁油、谷甾醇、生物碱等营养成分，具有增强人体免疫功能、抑制癌细胞生长的作用。在烹饪中常用于制作粥。

面点运用：豌豆在面点制作上常用作馅心，也可制作成泥。

项目三 粮食制品

项目驱动

本项目主要是学习粮食类原料制品的种类及其特点的相关知识，通过教师的讲授、实物（图片）展示，学生能够掌握各种粮食类原料制品特点及在面点中的应用。

知识链接

一、粮食制品的概念及分类

粮食制品是指以粮食为原料经加工制作而得到的成品或半成品。粮食制品种类不是很多，但在面点原料中用途极广，是面点制作的主辅原料，有些粮食制品更是日常生活中所不可缺少的原料。

粮食制品按品种来源及成品特色可分为如下几种。

1. 米面制品

米面制品主要是通过大米和面粉加工得到的各种成品或半成品，面制品主要有挂面、通心粉、面筋、淀粉等，米制品主要有米粉、年糕、米线、糍粑和锅巴等。

2. 豆制品

豆制品是通过大豆经加工得到的各种成品或半成品。主要品种有豆腐、豆芽、豆浆、豆油、腐竹和腐衣等。

3. 淀粉制品

淀粉制品是粮食制品的特殊制品，主要是通过面粉制作而成。淀粉制品主要是淀粉制作的各种粉皮、粉丝等。

二、粮食制品的种类

1．面筋

面筋又称面根，是通过将小麦面粉调成面团醒透后，在水中搓洗，去除淀粉和麸皮后得到的一种浅灰色、柔软并富有弹性和黏性的物质（图2–35）。

面筋的主要成分是麦胶蛋白和麦谷蛋白。当面粉和成面团后，这两种蛋白质便按一定规律结合成海绵或网状结构，其他成分包裹在这种网络之中，使面团具有可塑性和弹性。

面筋根据其面粉的品种不同，其产出率和质量也不同，我国南北方均有生产；无锡所产油面筋最负盛名。

面筋中富含麦胶蛋白和麦谷蛋白以及少量的淀粉和脂肪等，有和中、解热、益气、养血、止烦渴之功效。

面点运用：面筋的运用在菜肴中应用较多，面点中有时用作馅心等。

生面筋

油面筋

水面筋

图 2–35　面筋

2．米粉

米粉是各种大米经磨制后的粉状成品，以糯米粉应用较多（图2–36）。由于大米的品种质量不同，米粉的质量也不同。

面点运用：米粉主要应用于各种小吃以及用米粉制作的各种点心。

图 2–36　米粉

3．豆腐

豆腐是大豆制品，是中国传统的古老食品。相传淮南王刘安追求炼丹之术，将豆汁与盐卤化合而成，遂而成为中国重要的食品来源（图2–37）。

中国的豆腐营养丰富，价廉物美，在世界都享有盛誉。豆腐及豆腐制品的蛋白质含量比大豆高，且豆腐蛋白为完全蛋白，不仅含有人体必需的氨基酸，而且其比例也接近人体需要，具有益气和中、生津润燥、清热解毒、助消化、增食欲等功效。

豆腐按质地可分为南豆腐和北豆腐，南豆腐质地细腻，北豆腐质地较为粗糙。比较有名的豆腐有：安徽寿县的“八公山豆腐”，山东的“泰安豆腐”，陕西的“榆林豆腐”，湖北的“黄陂豆腐”，贵州的“石屏豆腐”等。

图 2-37　豆腐

豆腐可加工成多种豆腐制品。主要品种有：半脱水制品，如百叶、千张、素鸡卷、白豆干等；油炸制品，如豆腐泡、炸金丝等；卤制品，如五香豆腐干、五香豆腐丝等；熏制品，如熏素肠、熏素肚等；冻制品，如冻豆腐；干制品，如豆腐皮、腐竹（图2-38）等；发酵制品，如豆腐乳、臭豆腐等。

图 2-38　腐竹

现代科学技术已对豆腐的传统工艺进行了改造，新的豆腐不断出现，如液体豆腐、球形豆腐、蔬菜豆腐、肉松豆腐、维生素强化豆腐、彩色豆腐等。

面点运用：豆腐不仅是重要的菜肴制作原料，也是点心制作中常用的原料。

4．豆芽

豆芽主要是指黄豆芽和绿豆芽，也有用青豆、豌豆等制成的豆芽。

黄豆在发芽的过程中，黄豆的胰蛋白酶抑制剂大部分被分解破坏，因此黄豆芽的蛋白质含量较黄豆提高10%左右，而且其中容易引起腹胀的棉子糖等物质在发芽过程中下降乃至消失，避免了腹胀的发生，同时，由于酶的作用，更多的矿物质，如钙、磷、铁等元素被释放出来，提高了人体对矿物质的吸收率（图2-39）。

图 2-39　黄豆芽

面点运用：黄豆芽在面点制作中，可以用作馅心，也可煮汤用作素食的提鲜剂。

绿豆芽也称银菜。绿豆在发芽过程中，部分蛋白质可分解为氨基酸，从而增加氨基酸含量，绿豆芽对夜盲症、舌疮炎、坏血病也有一定疗效。在加热制作过程中，应急火快炒，避免维生素C的损失（图2-40）。

图 2-40　绿豆芽

面点运用：绿豆芽在点心制作中，可以用作点心的馅心。

5．豆沙

一般是指红豆沙、绿豆沙、豌豆沙等，做法是将豆浸泡后煮熟压成泥，加入油、糖浆或者玫瑰酱、桂花酱之类的甜酱混匀（图2-41）。

图 2-41　豆沙

面点运用：常用来做点心的馅，也可做成各式各样的可口食物。

6．淀粉

淀粉是面点制作中常用的原料，又称团粉、粉面、芡粉，是植物中贮存的养分，多存在于种子和块茎中。

淀粉在烹调中应用极广，在面点中主要制作一些花色船点。主要品种如下。

（1）菱角淀粉　是用菱角加工的淀粉，色洁白有光泽、细腻光滑、黏性大、吸水性较差，是淀粉中质量最好的品种。

（2）豌豆淀粉　是用成熟的豌豆加工的淀粉，色洁白、细腻光滑、黏性好、涨性大，是淀粉中质量上乘的品种。

（3）绿豆淀粉　是用绿豆加工的淀粉，色洁白、细腻光滑、黏性好、无异味、无杂质、涨性大，是淀粉中质量上乘的品种（图2-42）。

图 2-42　绿豆淀粉

（4）土豆淀粉　是用土豆加工的淀粉，色洁白、细腻光滑、无异味、无杂质、黏性好、涨性一般，是淀粉中质量较好的品种。

（5）玉米淀粉　是用玉米加工的淀粉，色较洁白、较为细腻、无异味、无杂质、黏性和涨性一般，是淀粉中质量一般的品种。

（6）小麦淀粉　是用小麦加工的淀粉，色较洁白、细腻光滑、无异味、无杂质、黏性和涨性一般，是淀粉中质量一般的品种。

（7）山芋淀粉　是用山芋加工的淀粉，色泽较灰暗、杂质较多、黏性和涨性一般，是淀粉中质量较差的品种。

（8）藕粉　是用藕加工的淀粉，色较洁白、细腻光滑、无异味、无杂质、黏性和涨性一般，是淀粉中质量一般的品种，多用于一些小吃的制作。

7．粉丝

粉丝主要是用淀粉含量高的豆类或薯芋类原料加工制作而成的，因成品为丝状，故名粉丝（图2-43）。粉丝品种繁多，如绿豆粉丝、豌豆粉丝、蚕豆粉丝、红薯粉丝、魔芋粉丝，更多的是含淀粉多的薯芋类原料制的粉丝，如红薯粉丝、土豆粉丝等。粉丝按其形状分有粗、细、圆、扁及片状等多种；按其主要用料又有豆类、薯类、芋类的不同；除大豆以外的豆类淀粉均可制作粉丝，但以绿豆淀粉制品为最佳。粉丝主要含有碳水化合物、膳食纤维、蛋白质、烟酸和钙、镁、铁、钾、磷、钠等营养成分。

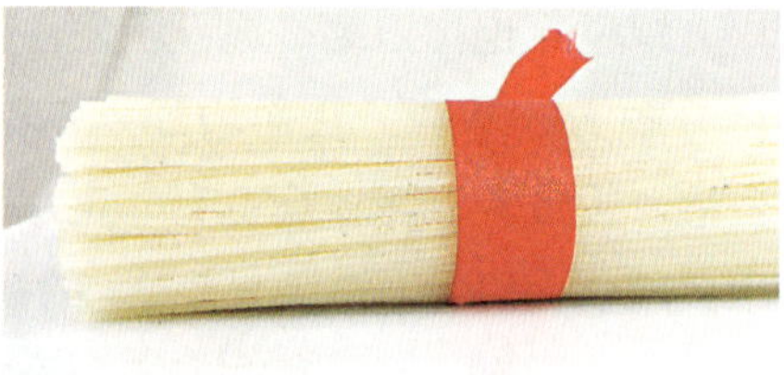

图 2-43　粉丝

面点运用：面点制作中主要用于作馅心的原料。

8．西米

西米是由棕榈树类的树干、树身（茎）加工，通过机械处理，浸泡，沉淀，烘干制成的可食用淀粉，最为传统的是从西谷椰树（又名莎谷、沙谷）的木髓部提取的淀粉，经过手工加工制成（图2-44）。

图2-44 西米

西米产于马来群岛一带，西米质净色白者名真珠西谷，白净滑糯，营养颇丰。一般人群均可食用。

面点运用：常用于制作西米糕、西米露等甜食。

9．玉米粉

玉米粉是指有玉米去皮精磨而得的粉。因其粉质细滑，糊化后吸水性强，易于凝结，可以单独用来制作面食，如各式发糕、饼干、窝窝头等（图2-45）。由于玉米粉中直链淀粉和支链淀粉的含量比例与小麦淀粉大致相同，所以玉米粉可与面粉掺和使用，作为降低面团筋力的填充原料，如制作蛋糕、奶油曲奇等。

图2-45 玉米粉

10．绿豆粉

绿豆粉的加工过程是将绿豆拣去杂质，洗净入锅煮至八成熟，使豆粒发胀去壳，控干水分用河沙拌炒至产生微香，筛去河沙磨粉而成（图2-46）。

面点运用：绿豆粉可用来做绿豆糕、豆皮等面点，也可用作制馅原料，如用于制作豆蓉馅。

11．黄豆粉

黄豆粉是用黄豆经加工而制得的粉，它具有较高的营养价值（图2-47）。

面点运用：通常与米粉、玉米粉等掺和后制成糕、饼等面点。

12．赤豆粉

赤豆粉的加工过程是赤豆拣去杂质，洗净煮熟，去皮晒干，再磨成粉（图2-48）。

面点运用：赤豆粉直接用于面点制品的不多，常用于制豆沙馅。

图2-46 绿豆粉

图2-47 黄豆粉

图2-48 赤豆粉

项目四 粮食的品质检验

项目驱动

本项目主要是学习粮食类原料及制品的品质检验方法，通过教师的讲授及实训，学生能够掌握各种粮食类原料及其制品品质检验方法。

知识链接

由于粮食的品种不同，且在面点运用中的要求不同，因此，不同的粮食其检验的标准和目的也不同。粮食作为面点原料的重要组成部分，其品质对面点的质量影响至关重要。下面主要介绍大米和面粉品质检验的基本要求。

一、大米品质检验的基本要求

对大米的品质检验，主要通过对大米的粒形、腹白和心白、硬度以及新鲜度等指标来检验。

1．大米的粒形

不同的大米都具有典型的米粒形状和大小。优质大米的粒形要求：米粒充实、均匀整齐、碎米及爆腰米所占比例小、没有未成熟粒、虫蛀粒、霉粒和其他杂质（图2-49）。所谓碎米，是指大米粒体不足正常米2/3的米粒；所谓爆腰米，是指米粒腹部有裂纹的米粒。

图2-49　大米的粒形

2．大米的腹白和心白

大米的腹白是指米粒的腹部呈乳白色、不透明的粉质部分；大米的心白是指米粒的中心有花状白色粉质部分。有腹白和心白的大米，粉质部分多、吸水能力低、蛋白质含量少、出饭率低、粒质疏松脆弱、硬度低、易折裂、碎米多、不耐贮存、质量较差。

3．大米的硬度

大米的硬度是指大米能够抵抗机械压力的程度。米的硬度越大，品质越好，反之，品质就差。质量好的大米，碎米相对较少，碎米较多的大米，质量相对较差。

4．大米的新鲜度

新鲜的大米有光泽、味清香、无米糠和杂质、无虫害、无霉味和异味等，手摸时滑爽干燥，熟后柔韧有黏性，滋味适口。而陈米则光泽深暗、品质发脆，柔韧性变弱，黏度降低，甚至有发霉、粘连、虫蛀等现象。

二、面粉品质检验的基本要求

面粉的品质检验主要是通过感官检验来对面粉的颜色、气味、水分、杂质、面筋质及新鲜度等方面来检验。

1．颜色

面粉的颜色主要取决于小麦的品种、面粉的含麸量及加工的精度。颜色越白，加工的精度越高（图2-50）。但随着加工精度的提高，营养成分特别是维生素含量越低。面粉由于贮存的时间过长或者环境潮湿，颜色也会加深。

图 2-50　洁白的面粉

2．气味

新鲜的面粉有正常的清香气味，如因保管贮存不善，会使面粉带有霉味，甚至腐败味。

3．水分

面粉的含水量是评判面粉质量的一个重要方面，我国规定面粉的含水量为12%～13%。面粉由于失去表皮的保护，不仅易受病虫和微生物的污染，而且极易吸收空气中的水分。正常的面粉用手捏有滑爽的感觉，如含水量过高，则易发热、结块、发霉和生虫，不易贮存。

4．杂质

面粉中的杂质主要是由于加工清理不善，小麦在贮存及运输过程中使沙土等杂质混入等方面的原因，造成面粉加工时夹有杂物，食用时有牙碜的感觉。

5．面筋质

面粉中的面筋质是决定面粉质量的重要指标。其主要成分由麦胶蛋白和麦谷蛋白构成。它可使面粉制品的体积增大并保持固定形态。因此，面粉中的面筋质含量越高，相对而言，面粉的品质就越好。

6．新鲜度

面粉的新鲜程度是鉴定面粉品质的最基本的标准。新鲜的面粉有正常的色泽和口味，凡带有异味、霉味、颜色发深、发霉结块均表明面粉已经变质。

思考题

1. 什么是粮食？其烹饪用途有哪些？
2. 粮食的种类有哪些？其面点应用如何？
3. 粮食的制品有哪些？在面点中有何具体应用？
4. 检验大米和面粉的品质分别可以从哪些方面进行？

3

模块

动物性原料及其制品

模块导读

本模块所讲的动物性原料主要是指畜兽类、禽类及水生动物性原料及其制品。对于动物性原料及制品的选择与加工，有些学生虽没有实际操作经历，但对于其种类与加工方法略有所闻、所见。通过本模块的学习，让学生认知常用的动物性原料的种类和肉质特点以及副产品的结构，并能正确地指导烹饪运用。树立保护野生动物的观念，不滥用动物性原料。

学习目标

1. 掌握动物性原料及制品的种类
2. 掌握各种动物性原料品质特点、产地、产季
3. 掌握动物性原料的应用

项目一 动物性原料的组织结构和化学成分

项目驱动

本项目主要是学习动物性原料的基本知识，通过教师的讲授、演示、实物（图片）展示，要求能够掌握动物性原料的化学成分、组织特点及动物性原料在面点中的应用。

知识链接

一、动物肉的组织结构

肉是指动物经屠宰后去除毛、血、皮、内脏、头、蹄后剩下的胴体。其组织结构主要有：

1．肌肉组织

肌肉组织是构成肉的主要组成部分，肌肉组织是衡量肉的质量的重要因素。优质蛋白质主要存在于肌肉中，肌肉是最有食用价值的部分，也是面点中应用最广泛的原料之一。

2．脂肪组织

它的构造是由退化了的疏松结缔组织和大量脂肪细胞积聚而成，脂肪组织由脂肪细胞构成，在细胞之间有网状的结缔组织相连，获得油脂时要通过加热等手段破坏结缔组织才能获得。

脂肪组织一部分蓄积在皮下、肾脏周围和腹腔内，称为贮备脂肪，另一部分蓄积在肌肉的内、外肌鞘，称为肌间脂肪。如肉的断面呈淡红色并带有淡而白的大理石样花纹，这说明肉肌间脂肪多，肉质柔滑鲜嫩，食用价值高。

3．结缔组织

结缔组织主要是由无定形的基质与纤维构成，其纤维是胶原纤维、弹性纤维和网状纤维，都属于不完全蛋白质。结缔组织具有坚硬、难溶和不易消化的特点，营养价值较低。

结缔组织在家畜体中分布极广，如皮、腱、肌鞘、韧带、膜、血管、淋巴管、神经等，结缔组织含量多的肉质较粗，如果采取适当的方法可以制成皮冻等，常用于制作馅心，如灌汤包子。

4．骨骼组织

骨骼组织是动物机体的支持组织，它包括硬骨和软骨。硬骨又分管状骨和板状骨，管状骨内有骨髓。不同的家畜其骨骼组织所占胴体的比例各不相同，猪占5%～9%、牛占7.1%～32%、羊占8%～17%。

骨骼在胴体中若占比例大，肉的比例就小，含骨骼组织多的肉，质量等级低。骨骼是制汤的重要原料，骨骼中含有一定数量的钙、磷、钠等矿物质以及脂肪、生胶蛋白，所以煮出来的汤味鲜、营养丰富，冷却后能凝结成冻。由于骨骼有一定的营养价值，所以用管状骨煮汤时要用刀背敲裂骨骼，使骨髓便于溢出。

二、动物肉的营养成分

1．水分

水是肉中含量最多的化学成分。各种肉类的含水量均为48%～75%。肉中的含水量多少随家畜的肥瘦有很大不同，家畜越肥，脂肪越多，水分含量越少；家畜越瘦，则脂肪越少，水分含量越多。年龄越大，含水量也越少。

鱼肉中含水分较多，一般在52%～82%，而且烹调时损失较少，仅损失10.5%～34.5%，故烹调后能保持质地软嫩。

2．脂肪

动物的脂肪多积聚在皮下、肠膜、心肾周围结缔组织及肌肉间，其含量因动物种类、育肥等情况不同而有很大差别，不同部位脂肪含量也不相同。畜类脂肪以饱和脂肪酸为主，熔点高。

家畜肉中的脂肪含量与肉的风味有关。脂肪含量少的肉，肉质不仅发硬，同时，风味也差。牛羊肉比猪肉脂肪含量低。羊脂肪中含有一些低级脂肪酸，与膻味有关。

禽肉中脂肪的不饱和脂肪酸的含量要高于饱和脂肪酸的含量。鸡肉脂肪中亚油酸的含量达20%，因此其脂肪熔点较低（30～32℃），消化吸收率较家畜高。

水产品类原料中的脂肪含量一般为1%～7%，低于畜禽肉，个别品种含量高达17%。鱼类的不饱和脂肪酸较多，在常温下多呈液态，易被人体消化吸收，其消化率达95%，但不饱和脂肪酸容易氧化和腐败，所以鱼类较难贮存。

3．蛋白质

家畜肉含有较丰富的蛋白质，大部分贮存在肌肉组织中。其中，猪、牛、羊肉中的蛋白质含量高达18%～20%，是完全蛋白质，营养价值高。牛羊肉与猪肉相比，其蛋白质含量，前者较后者高。家畜肉中的蛋白质主要是完全蛋白质，结缔组织中的蛋白质主要是不完全蛋白质。肉类原料中含有能溶于水的含氮浸出物，这些物质是肉汤鲜味的主要来源。

禽肉蛋白质的种类与家畜肉相似。含量约为20%，大多为优质蛋白。其中肌红蛋白的含量和性质对禽肉颜色影响极大，禽肉因品种不同有淡红色、灰白色或暗红色，仔鸡肉的颜色比老鸡淡些，瘦鸡肉呈暗红色或淡青色。

水产品类原料的蛋白质含量一般为1%～19.5%，有些高过20%，如对虾含量为20.6%，鲐鱼含量为21.4%。水产品类原料的蛋白质易被人体消化吸收，消化率高达87%～89%，由于鱼类中含有胶原蛋白和黏蛋白，所以在加水炖煮后易消化，冷却后形成鱼冻。

4．碳水化合物

碳水化合物在家畜体内含量很少，它们主要以糖原形式存在，若肉中糖原含量高，会使肉有特殊香味，但放久后糖原酵解产生乳酸会使肉发酸。

5．矿物质

肉类中的矿物质含量较少，一般只占0.8%～1.2%，主要有钙、磷、硫、钾、钠、铁、锌等，与各种肉类的矿物质含量无较大的差异。矿物质主要与肉的水分、畜体部位及生存环境有关。因此瘦肉要比脂肪组织含有更多矿物质，脂肪组织中含量较少。

水产品类原料中所含矿物质一般以钾、钙、磷、碘、铜较多。海洋鱼类中含碘、钙比淡水鱼类高，尤其是虾、蟹、贝类无机盐含量最丰富。如牡蛎含铜高达30毫克/100克，蛤蜊含铁量为14.2毫克/100克，毛蟹含钙为679毫克/100克。

6．维生素

肉中还含有少量的维生素，是B族维生素的重要来源。肉类的维生素主要存在于瘦肉中，另外肝脏中还含有较丰富的维生素A及维生素B_2等，这些物质在生物体内具有重要的生理作用。

禽肉中含有较多的B族维生素。脂溶性维生素的含量也很高，如维生素E，它是一种抗氧化剂，对禽肉的贮藏有一定的意义。

鱼类中核黄素和烟酸含量比畜肉多，特别是鱼类肝脏中含有的维生素A和维生素D比较丰富。虾类、蟹类中维生素A含量也相当多。

三、动物性原料的烹饪应用

（1）可作为菜肴主料　如红烧肉、烤鸭、清蒸鱼（图3-1）等。

（2）可作为菜肴配料　禽类原料作配料可与荤菜搭配，如鸡火烩鱼肚、黄桃鸡片、炒墨鱼等，也可以与素菜配伍，如鸡丝拌洋白菜、鸡粥白灵菇等。

（3）可作为菜肴调辅料　如用骨头、鸡、海鲜煮制的汤汁（图3-2），是烹饪中必备调味品。

（4）可作为面点、小吃的馅料　如三丁包、鸡丝馄饨等。

（5）可制成各种加工制品　如咸肉、火腿、风鹅、板鸭、风鸡（图3-3）、咸鱼等，这些原料具有风味独特，便于运输，便于贮存等特点。

图 3-1　清蒸鱼

图 3-2　鸡汤

图 3-3　风鸡

项目二 动物性原料的种类与应用

项目驱动

本项目主要是学习动物性原料的种类及其特点的相关知识，通过教师的讲授、实物（图片）展示，学生能够掌握各种动物性原料的营养、特点及其在面点中的应用。

知识链接

动物肉的种类

1．猪肉

在我国的肉类消费量中，以猪肉为最多，约占肉食品消费总量的80%，这与我国的农业、畜牧业的具体情况有关，也与人们千百年来形成的饮食习惯有关。

图3-4 猪

猪肉中含有较多的肌间脂肪，因而烹调后猪肉的滋味比其他肉类鲜美。猪肉本身的品质因猪的饲养状况及年龄不同而有所不同。猪肌肉的颜色一般呈淡红色，煮熟后呈灰白色，肌肉纤维细而柔软，结缔组织较少，脂肪含量较其他肉类为多。育龄为一年至两年的猪，肉质最好，鲜嫩、味美，肉色为淡红色。饲养不良和育龄较长的猪，肉呈深红色并发暗，质硬而缺乏脂肪。猪肉的质量与猪的品种有很大的关系（图3-4）。

在面点中的应用：猪肉在面点中的应用相当广泛，是各种馅心的原料。如各种常见水饺、包子以及各地的一些名吃、小吃等。特别是猪肉中的肉皮，是面点制作汤包的主要原料。

2．牛肉

牛肉在我国约占肉食品消费总量的7%，现在比重逐年有所增加，通常食用的牛肉一般多由丧失役用能力的黄牛、水牛或淘汰的乳牛。在南方水牛肉较多，北方黄牛肉较多，也有专门饲养作肉用的水牛和黄牛，称为菜牛（图3-5）。随着我国经济的发展和人民生活水平提高，专门饲养的肉用牛越来越多，以满足市场供应的需要。牛肉按性别分有母牛肉、公牛肉；按生长期分有犊牛肉、犍牛肉，不同品种以及不同性别和生长期的肉，在质量上有较大的差别，下面分别介绍。

图 3-5　黄牛

（1）黄牛肉　肉色呈暗红色、肌肉纤维较细、臀部肌肉较厚、肌间脂肪较少、为淡黄色、肉质较好。

（2）水牛肉　肉色呈暗红色、肌肉纤维粗而松弛、有紫色光泽、臀部肌肉不如黄牛肉厚、脂肪为黄色、干燥而少黏性、肉不易煮烂、肉质较差、不如黄牛肉。

（3）犊牛肉　未到成年期的牛，即为犊牛。犊牛的肌肉呈淡玫瑰色、肉细柔松弛、肌肉间含脂肪很少、肉的营养价值及滋味远不如成年的牛。

（4）犍牛肉　肉结实柔细、油润、呈红色、皮下积蓄少量黄色脂肪、肌肉间也夹杂少量脂肪、质量较好。

（5）公牛肉　肉呈棕红色或暗红色、肉切面呈蓝色、有光泽、肌肉粗糙、肌肉间无脂肪夹杂。

（6）母牛肉　肉呈鲜红色、肌肉较公牛肉柔软。生长期过长的母牛皮下往往无脂肪，肌肉间夹有少量脂肪。

在面点中的应用：牛肉在面点中多用于制作馅心，如水饺、包子、馅饼等，也可作面条的卤，如甘肃的牛肉拉面。

3．驴肉

"天上龙肉，地上驴肉"，是形容驴肉的美味。江苏、山东、安徽一些地区以及陕北、河南、河北一带许多地方都有吃驴肉的传统习惯，也形成了独具特色的传统食品和地方名吃（图3-6）。如青州府夹河驴肉、肥东石塘训字驴肉、莒南老地方驴肉、二庙居村驴肉、高唐老王寨驴肉、河间驴肉烧饼、广饶肴驴肉、保定漕河驴肉火烧、曹记驴肉、米脂驴肉、上党腊驴肉、洛阳的驴肉汤、焦作闹汤驴肉、保店驴肉等。

图 3-6　黑驴

驴肉的不饱和脂肪酸含量，尤其是生物价值特高的亚油酸、亚麻酸的含量都远远高于猪肉、牛肉。

在面点中的应用：驴肉在面点中多用于制作馅心，最著名的就是驴肉火烧。

4. 羊肉

羊肉在我国占肉食品消费总量4 %左右。在青海、新疆、甘肃等西北地区及内蒙古、西藏等地，羊的饲养是重要的畜牧生产活动，经济价值很高。羊肉又是食物的重要来源，蒙古族、回族、藏族的食物构成中，羊肉是主要的动物性食品。可供肉用的主要有绵羊、山羊，其中比较有名的品种有蒙古肥绵羊、哈萨克绵羊、成都麻山羊等（图3-7）。

图3-7 绵羊

（1）绵羊肉　绵羊在我国分布很广，肉体丰满，肉质较山羊为好，是上等的肉用羊。绵羊肉质坚实、颜色暗红、肉纤维细而软、肌肉间很少夹杂脂肪。经过育肥的绵羊，肌肉中夹有脂肪，呈纯白色。

（2）山羊肉　山羊的主要产区在内蒙古、山东、黑龙江和四川等地，主要以肉用为主，体型比绵羊小、皮质厚，肉的色泽较绵羊浅、呈较淡的暗红色、皮下脂肪稀少，但在腹部积存较多的脂肪，并且肌肉与脂肪中有膻味，肉质不如绵羊。

在面点中的应用：羊肉在面点中主要是用于制作馅心。特别是在蒙古族、藏族、回族等一些少数民族中用羊肉做的点心很多。

5. 鸡肉

鸡是我国三大家禽中最主要的家禽。鸡在中国被驯养已有六七千年的历史了，经过人类千百年来根据不同需要而特意进行的繁育，如今家鸡在全世界已演化成五花八门的种类。其种类大致可分为170余种，饲养较多的有70余种。

鸡的品种繁多，从原料取材上可分为普通鸡和肉用鸡两大类（图3-8）。

图3-8 鸡

普通鸡：大致可分为小雏鸡、雏鸡、成年鸡、老鸡等。

小雏鸡：一般生长2个月左右，重量在250克左右，其肉质最嫩，但出肉少。

雏鸡：一般生长不足一年，体重在500克左右，雌鸡未生蛋，雄鸡未打鸣者，其肉细嫩。

成年鸡：一般为生长1～2年的鸡，肉质较嫩，可供剔肉。

老鸡：一般指生长在2年以上的鸡，肉质较老，最宜制汤，特别是老母鸡是制汤的最佳原料。

肉用鸡：是专门选择的肉用鸡种，饲料要求蛋白质的比重大，在饲养管理上要求有严格的防疫制度和人工气候，适宜机械化大量饲养，一般饲养50～56天，体重可达

1.5千克以上。肉用鸡饲养时间短、生长快、肉多而嫩，脂肪含量高但味道不如普通鸡。目前，面点原料里应用较多的为肉用鸡。

在面点中的应用：在面点中多用于制作馅心，大多用于制作包子、饺子等面食，也可用于制汤，如鸡汤馄饨。

6．鸭肉

鸭肉是一种美味佳肴，适于滋补，是各种美味名菜的主要原料（图3–9）。鸭肉中的脂肪酸熔点低，易于消化。所含B族维生素和维生素E较其他肉类多，能有效抵抗脚气病、神经炎和多种炎症，还能抗衰老。鸭肉中含有较为丰富的烟酸，它是构成人体内两种重要辅酶的成分之一，对心肌梗死等心脏疾病患者有保护作用。

图 3-9　鸭

在面点中的应用：在面点中多用于制作馅心，或使用鸭油来制作点心。

7．鹅肉

鹅是食草动物，浑身是宝。鹅翅、鹅蹼、鹅舌、鹅肠、鹅肫是餐桌上的美味佳肴；鹅油、鹅胆、鹅血是食品工业、医药工业的主要的原料；鹅肝营养丰富，鲜嫩味美，可促进食欲，是世界三大美味营养食品，被称为“人体软黄金”。鹅肉是理想的高蛋白、低脂肪、低胆固醇的营养健康食品。鹅肉含蛋白质、钙、磷，还含有钾、钠等10多种微量元素（图3–10）。

图 3-10　鹅

在面点中的应用：在面点中多用于制作馅心，或使用鹅油来制作点心。

8．鸽肉

鸽肉四季均可入馔，但以春天、夏初时最为肥美。鸽子肉是一种很好的补品，从古至今中医学认为鸽肉有补肝壮肾、益气补血、清热解毒、生津止渴等功效（图3–11）。现代医学认为：鸽肉对健脑补神，提高记忆力，降低血压，调整人体血糖，养颜美容，延年益寿有好处。

图 3-11　肉鸽

在面点中的应用：鸽肉鲜嫩味美，可做粥，汤料以及点心的馅心和辅料。

9．火鸡

火鸡又名七面鸟或吐绶鸡，是一种原产于北美洲的家禽，现代的家火鸡是由墨西哥的原住民驯化当地的野生火鸡而得来。火鸡于15世纪末输入到欧洲，引入中国的时间更晚。火鸡体型比一般鸡大，可达10千克以上。和其他鸡形目鸟类相似，雌鸟较雄鸟小，颜色较不鲜艳。主要品种有分布于北美的野生火鸡和分布于中美洲的眼斑火鸡（图3-12）。

图 3-12　火鸡

火鸡是一种高蛋白、低脂肪、维生素丰富、胆固醇少的肉食佳品。火鸡体大肉厚，出肉率高达80%，其瘦肉多，胸肌呈白色，肉质肥嫩味美。火鸡具有高蛋白，低脂肪，胆固醇含量低，肉质鲜嫩可口等特点，是妇女、儿童、老年人的保健食品，更是肥胖人士理想的减肥食品。

在面点中的应用：火鸡肉质鲜嫩味美，是点心的馅心和辅料。

10．野鸭

野鸭是水鸟的典型代表，数量多，是多种野生鸭类的通俗名称，有10余个种类。野鸭能进行长途的迁徙飞行，最高的飞行速度能达到时速110千米。狭义的野鸭系指绿头鸭，别名为大绿头、大红腿鸭、大麻鸭等，是最常见的大型野鸭，也是除番鸭以外的所有家鸭的祖先，是目前开展人工驯养的主要对象。肉质鲜嫩味美，营养丰富，野味浓厚，肥而不腻，素来被视为野味中之上品，享誉国内外（图3-13）。

图 3-13　绿头鸭

在面点中的应用：是点心的馅心和辅料，如野鸭菜包等。

11．鱼肉

鱼类的品种极多，可分为海洋鱼类和淡水鱼类，在面点中鱼肉的用量不多，主要采用鱼肉较厚的鱼类作为面点的原料，现介绍几种面点中常用的鱼类。

（1）大黄鱼　又称大黄花、大王鱼、大鲜等。大黄鱼头部有一对晶莹洁白的耳石，其体侧扁，长11～50厘米，重400～800克，大者可达4千克。为暖水性结群洄游鱼类，平时栖息在较深海区，4～6月向近海洄游产卵，产卵后分散在沿岸索饵，以鱼虾为食，秋冬季又向深海区迁移（图3-14）。

大黄鱼肉质细嫩、味鲜美、肉呈蒜瓣状、刺少肉多、肉易离刺。

在面点中的应用：面点应用中多用于制作馅心。

（2）鲈鱼　又称花鲈、鲈子鱼、板鲈等。鱼体侧扁口大，下颌突出，背厚、鳞小、肚小，背部和背鳍有小黑斑点，第一背鳍由硬棘组成。该鱼栖息于近海，也进入淡水，早春在咸淡水交界处的河口产卵。该鱼性凶猛，以鱼虾为食，生长快，个体大（图3-15）。

鲈鱼的产季在3～8月，立秋前后为旺季，肉质肥美。鲈鱼肉多刺少、肉质白嫩、味道鲜美、肉质蒜瓣形、鱼肉韧性强、不易破碎。

在面点中的应用：面点应用中多用于制作馅心。

（3）海鳗　又称狼牙鳝、牙鱼等。体狭长，可长达1米以上。亚圆筒形、后端侧扁、银灰色、无鳞光滑、口大、牙大而尖锐。背鳍和臀鳍与尾鳍相连，无腹鳍。海鳗喜在海底栖息，该鱼性凶猛，是肉食性鱼。海鳗在我国沿海均有分布，为主要经济鱼类。浙江沿海和黄海南部沿岸产量较多。海鳗以冬至前后捕捞最适宜，肉多、刺少、肉质细嫩洁白、味鲜美（图3–16）。

在面点中的应用：在面点应用中多用于制作馅心，有著名的鳗鱼水饺。

图 3–14　大黄鱼

图 3–15　鲈鱼

图 3–16　海鳗

（4）石斑鱼　该鱼是暖水性的大中型海产鱼类。体形中长、侧扁，其色彩变异很多、常呈褐色或红色并有条纹和斑点，口大、牙细尖、有的扩大成犬牙，第一鳍和臀鳍都有硬棘（图3–17）。在我国南方种类颇多，常见的有红点石斑鱼、青石斑鱼和网纹石斑鱼，都可供食用。

图 3–17　石斑鱼

该鱼在我国主要产于东海和南海，特别是北部湾及广东沿海。它每年产季是4～7月，肉质较嫩，味道鲜美，是上等食用鱼类。

在面点中的应用：在面点中多用于制作馅心。

（5）鲅鱼　学名马鲛鱼，也叫蓝点马鲛。俗称还有燕鱼、板鲅、竹鲛、尖头马加、青箭等，种类很多，常见的有中华马鲛、斑点马鲛、康氏马鲛等（图3–18）。分布于北太平洋西部，我国渤海、黄海、东海均有，主要渔场有舟山、连云港外海及山东南部沿海。每年的4～6月份为春汛，7～10月份为秋汛，5～6月份为旺季。暖性上层鱼，以中上层小鱼为食，夏秋季结群洄游，部分进入渤海产卵，秋汛常成群索饵于沿岸岛屿及岩礁附近，为北方经济鱼之一。鲅鱼其肉质细腻、味道鲜美、营养丰富，含丰富蛋白质、维生素A、矿物质（主要是蓝点马鲛钙）等营养元素，有补气、平咳作用，对体弱咳喘有一定疗效。

图 3–18　鲅鱼

在面点中的应用：在面点应用中适宜制作馅心，如鲅鱼水饺。

（6）鳕鱼　俗称：大头青、大口鱼、大头鱼、明太鱼、水口、阔口鱼、大头腥、石肠鱼等。分为大西洋鳕鱼，格陵兰鳕鱼和太平洋鳕鱼，有50多种，是全世界年捕捞量最大的鱼类之一，具有重要的食用和经济价值（图3–19）。中国主要分布于渤海、黄海和东海北部。黄海北部、山东高角东南偏东和海洋岛南部及东南海区有主要的渔场。鳕鱼肉味甘美、营养丰富。除了富含普通鱼油所有的DHA（二十二碳六烯酸）、DPA（二十二碳五烯酸）外，还含有人体所必需的维生素A、维生素D、维生素E和其他多种维生素。北欧人将它称为餐桌上的“营养师”。

图 3–19　鳕鱼

在面点中的应用：在面点应用中适宜制作馅心、煮粥等。

（7）墨鱼　也称乌鲗、花枝、墨斗鱼等。软体动物，与章鱼和枪乌贼近缘。我国常见的乌贼有枪乌贼（俗称鱿鱼），金乌贼与无针乌贼。乌贼是我国四大海产（大黄鱼，小黄鱼，带鱼，乌贼）之一，渔业捕捞量很大，肉鲜美，富营养（图3–20）。乌贼分布于世界各大洋，主要生活在热带和温带沿岸浅水中，冬季常迁至较深海域。常见的乌贼在春、夏季繁殖，产100 ~ 300粒卵。乌贼鱼性质温和，味微咸，具有补益精气、健脾利水、养血滋阴、制酸、温经通络、通调月经、收敛止血、美肤乌发的功效；而且，乌贼鱼肉质中含有一种可降低胆固醇的氨基酸，可防止动脉硬化。

图 3–20　墨鱼

在面点中的应用：在面点应用中适宜制作馅心，烹饪应用较广。

（8）青鱼　又称青鲩、黑鲩。青鱼体形长，呈亚圆筒形，尾部稍侧扁，青黑色，鳍为黑色，头宽平，口端位，无须，水底层栖息。主食螺蛳、蚌等软体动物和水生昆虫。个体大，生长迅速，为我国主要淡水养殖鱼类之一（图3–21）。

青鱼分布于我国各大水系，主产于长江以南的平原地区水域，其中以长江水系的种群最大。青鱼四季均产，秋、冬所产质量较好，为四大家鱼之一。

青鱼肉厚多脂，少刺味鲜，肉质结实，富有弹性，是优良的淡水鱼。

在面点中的应用：在面点应用中可以作为馅心来使用。

（9）草鱼　俗称鲩、鲩鱼、油鲩、草鲩、白鲩、草根（东北）、厚子鱼（鲁南）、海鲩（南方）、混子、黑青鱼等。广泛存在平原地区的江河湖泊，栖息于水的中下层，以水草为食。生长快，个体大，最大个体可达40千克。肉质肥嫩，味鲜美，是中国淡水养殖的四大家鱼之一（图3–22）。草鱼含有丰富的不饱和脂肪酸和丰富的硒元素，有利于血液循环，经常食用有抗衰老、养颜、暖胃和中、平降肝阳、祛风、治痹、截疟、益肠明目之功效。

在面点中的应用：在面点应用中可以作为馅心来使用。

（10）鳜鱼　又称季花鱼、桂鱼、花鲫鱼等。此鱼体侧扁，背部隆起，青绿色，具不规则黑色斑纹，口大，下颌凸出，有背鳍一个，前部的硬棘特别发达，后部为软条，鳞细小、圆形。鳜鱼为凶猛鱼类，喜食鱼、虾，分布在我国各大河流、湖泊，主要产于洞庭湖、微山湖一带。该鱼生长快，天然产量较大，是我国名贵淡水鱼类（图3-23）。

该鱼一年四季均产，但以春季为最好。鳜鱼肉质紧实、细嫩洁白、肉多刺少、肉味鲜美。

在面点中的应用：在面点应用中可制作馅心，也可作皮料来使用。

图 3-21　青鱼

图 3-22　草鱼

图 3-23　鳜鱼

（11）黑鱼　又称鳢、活头、乌鳢等。黑鱼鱼体亚圆筒形，一般体长在25～40厘米，大的可达50厘米，青褐色，具有3纵行黑色斑块，眼后至鳃孔有2条黑色横带。其头大，头部扁平，口大，牙尖，吻部圆形，背鳍、臀鳍特长，腹部呈灰白色（图3-24）。

图 3-24　黑鱼

黑鱼水底栖息，适应性强，性凶猛，以小鱼、小虾、昆虫为食，8厘米以上的黑鱼就可捕食其他鱼类。除西北地区外我国各地均有出产。黑鱼四季均产，以冬季最肥。黑鱼肉多刺少，肉厚而致密，味鲜美，熟后发白而较嫩。

在面点中的应用：在面点应用中多用于制作馅心。

12. 虾肉

虾肉大多是从对虾（图3-25）、龙虾、青虾、白虾、基围虾等虾身上取下的肉。具有肉味鲜、质细嫩的特点，是面点中的名贵原料，也是面点中馅心的重要原料，它可与其他的原料合作馅心，也可单独使用，如广东的虾饺。

图 3-25　对虾

在面点中的应用：在面点应用中多用于制作馅心。

13. 蟹肉

蟹多数种类生活在海洋中，少数种类生活在淡水或咸淡水中。常见的品种有河蟹、梭子蟹。蟹肉就是从它们身上取下的肉。蟹肉肉味鲜美、肉质细嫩，是名贵的面点原料（图3-26）。

图3-26 蟹

蟹黄是母蟹体内的卵巢和消化腺的集合，不是螃蟹的卵，虽然成分和蟹卵基本一致，但是两者有本质区别。但蟹黄中确实含有未排出体外的卵细胞，但还有其他的螃蟹的器官、腺体、组织液等物质，并非单纯的蟹卵。蟹黄体积变大、呈鲜艳的橘黄色时代表母蟹的性腺已经成熟，此时生产排出体外的是蟹卵，留在体内性腺中的卵细胞仍然属于蟹黄的一部分，蟹黄鲜味足，口味好，是馅心不可多得提鲜原料。

在面点中的应用：蟹在面点中的应用是将蟹整只蒸熟，拆肉以后蟹黄、蟹肉可分用，也可合用制作馅心，如江苏著名的蟹黄汤包。

14. 贝肉

贝类在淡水和海洋中普遍存在，品种也较多，在菜肴中应用较多，面点中应用较少，如鲜贝、瑶柱、贻贝等（图3-27）。

图3-27 贻贝

在面点中的应用：多用于点心的馅心，或做水煮点心的汤料。

15. 鳝鱼肉

鳝鱼又称为黄鳝、罗鳝、蛇鱼、血鳝、常鱼、长鱼（苏北一带）等，我国除西北高原外，均有分布，夏季肉质最佳。鳝的身体呈蛇形，最长可达50厘米，黄褐色，具暗色斑点，无胸鳍和腹鳍，背鳍和臀鳍低平，与尾鳍相连，头大，口大，眼小（图3-28）。生活在水边泥洞和石缝里，夏季出来，11～12月藏于洞中。生殖情况较特殊，幼时为雌，生殖一次后，转变为雄性，鳝鱼富含DHA和卵磷脂和丰富维生素A，能增进视力，促进皮膜的新陈代谢，有补血、补气、消炎、消毒、除风湿等功效。

图3-28 黄鳝

在面点中的应用：多用于面食的辅助原料，如江苏淮安的长鱼面等。

项目三
动物肉制品与应用

项目驱动

本项目主要是学习动物制品的种类及其特点的相关知识，通过教师的讲授、实物（图片）展示，学生能够掌握各种动物制品特点及在面点中的应用。

知识链接

肉制品是面点制作中重要的原料之一，多用来制作面点的馅心，如火腿制作的火腿萝卜丝盒子酥、火腿油饼；香肠制作的酥类馅心香肠酥饼；咸肉制作的咸肉萝卜酥；腊肉制作的腊肉包子；肉松制作的肉松酥饼、肉松月饼；海参制作的扬州名点五丁大包；鲍鱼制作的鲍鱼酥等。

一、畜兽制品

1．火腿

火腿属于腌肉制品的一种，在我国有着悠久历史的最负盛名的特产品。其中金华腌制的火腿被称为“南腿”；江苏如皋腌制的火腿称“北腿”；云南以腾越和榕峰为中心所产的火腿称“云腿”。

图 3-29　火腿

火腿以皮薄骨细、瘦多肥少、肉质细嫩的鲜猪前、后腿为原料，以修坯、腌制、洗晒、整形、晾挂和熏制、发酵、堆叠等多道工序，历时几个月制成。现在生产火腿开始采用新工艺，缩短了生产周期，可常年生产。火腿的一般质量要求为皮肉干燥、内外坚实、薄皮细脚、爪弯脚直、腿头不裂、形如琵琶或竹叶形、完整匀称、皮呈棕黄或棕红色、略显光亮（图3-29）。

火腿在烹饪应用中极为广泛，在面点制作中，多用于制作馅心的辅料，增加菜点的香味、色泽和鲜味。

2．香肠

一般将馅料灌入到小口径肠衣中制作而成。香肠在全国各地均产，比较有名的有广式香肠、哈尔滨正阳楼风干香肠等。广式香肠又称广式腊肠，因过去南方地区大多在农历腊月制作而得名，现在由于技术的改进，一年四季均可生产。香肠风味独特，享誉国内外，成品呈红褐色、脂肪呈乳白色、肠体干柔、肉丁突出、粗细均匀、耐咀嚼、余味香（图3-30）。

香肠的品质检验以感官检验为主，主要观察外表有无变色、发霉、破裂及虫蚀。触觉检验表面是否黏糊，内含物是否松软及膨气。切开观察肉馅色泽，肥膘分布情况及有无变质现象，必要时可试煮品评其气味和滋味。

香肠在面点制作中主要用于制作馅心及其辅料。

3．咸肉

咸肉是将鲜猪肉经过干腌、湿腌加工而成的制品。在我国南方各省加工较普遍。腌好的咸肉质地密而结实，切面平整有光泽，肌肉呈红色或暗红色，具有咸肉固有的风味（图3-31）。

在面点制作中主要用于制作馅心，如咸肉萝卜酥。

4．腊肉

腊肉是将猪肉切成条状，经烘焙或晾晒而成的肉制品。因民间一般在农历十二月（腊月）加工，故名腊制品。冬天特定的气候条件促进其风味的形成。

腊肉种类繁多，按产地有广东腊肉、四川腊肉、湖南腊肉、云南腊肉等。其成品要求色泽鲜明、肌肉呈鲜红色或暗红色、脂肪呈金黄色、干爽、有弹性、指压无明显凹痕，具有该制品固有的风味（图3-32）。在面点制作中主要用于制作馅心及其辅料。

图 3-30　香肠

图 3-31　咸肉

图 3-32　腊肉

5．肉松

肉松是新鲜肉的肌肉部分经高温煮透、去油、收汤、炒干、脱水制成的絮状干肉制品。按肉的种类分为牛肉松、猪肉松等。

江苏太仓肉松是选用猪后腿肉为原料加工而成，外观油润，呈金黄色或淡黄色，带有光泽，絮状，纤维纯洁疏松，无杂质，无异味，无焦黑。

肉松以质地蓬松柔软，有弹性，色泽鲜艳，肉质鲜嫩，香味醇正、浓厚，无肉筋和碎骨，食后无渣子的为佳品（图3-33）。

图 3-33　肉松

在面点制作中主要用于制作馅心及其辅料。

6．培根

培根，又名烟肉，是将猪肉经腌熏等加工的猪肋条肉，或其他部位的肉熏制而成，是腊肉的一种。培根是西式肉制品三大主要品种（火腿、香肠）之一，口味咸鲜，具有浓郁的烟熏香味，外皮油润呈金黄色，皮质坚硬，瘦肉呈深棕色，质地干硬，切开后肉色鲜艳（图3-34）。西餐中一般被认为是早餐的头盘，最常见的烟肉是腌熏猪肋条肉以及咸肉火腿薄片。主要出产地在北美洲，英国和爱尔兰。

图 3-34　培根

是西餐中常用的原料，西点制作中也会经常使用到。

二、禽鸟制品

1．板鸭

板鸭是禽腌制品，在我国许多地区均有加工，如南京板鸭、福建建瓯板鸭、四川白市驿板鸭、江西南安板鸭、湖南乾州板鸭等。

鸭体平板呈扁圆形、全身无毛、无皱纹、八字骨扁平、两腿挺直、胸肉突起、无哈喇味，蒸煮以后以皮白肉红骨头（里面）绿为上品（图3-35）。

在面点制作中，多用于馅心的制作。

2．风鸡

风鸡是用健康的鲜鸡宰杀后取出内脏、腌制、风干加工成的制品。一般在农历小雪以后加工，此时气候干燥，微生物不易侵害，制品有腊味，鸡味鲜香肉嫩可口（图3-36）。

在面点中的应用是将风鸡煮熟后取其肉制作馅心，风味独特。

3．腊鸡腿

腊鸡腿是近年来对鸡加工形成的一种制品，同腊肉相似，是将鸡腿用盐、花椒等香料腌制，然后连续晾三四天，鸡肉开始收紧泛红，即可。鸡肉干香，风味独特。根据用料，也可研制多种风味，是烹饪中较为常见的原料（图3–37）。

在面点制作中，多用于馅心的制作。

图 3-35　板鸭

图 3-36　风鸡

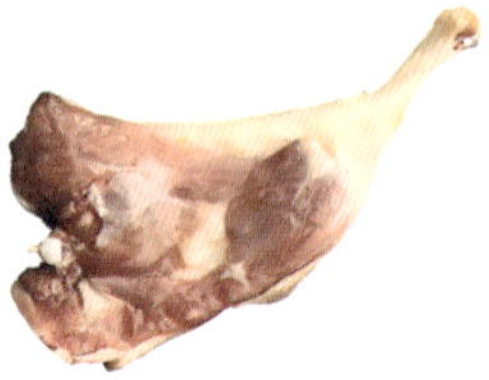

图 3-37　腊鸡腿

三、水产制品

1. 海参

海参是指生活在海底的一种棘皮动物的干货制品，有刺参和光参之分，刺参优于光参，刺参主要包括梅花参、方刺参、灰刺参等。光参主要包括乌参、黄玉参、乌元参等。我国南海、黄海、渤海均有海参干货制品出产。海参以体形大、皮薄肉厚、体内无沙、涨性大、发后有弹性者为佳品（图3–38）。

图 3-38　海参

海参是名贵的海产品，多为干货制品，经涨发后使用，如肉壁瘦薄、水发涨性不大，或入口筋韧，或松泡酥烂、沙粒未尽者均为次品。在面点运用中多用于高档面点的馅心制作，但本身无味，需要高汤煨制入味。

2. 鱿鱼

鱿鱼是用鲜鱿鱼经清水冲洗后晒干，待干燥到七八成时，放在木板上呈方形状，数层重叠略加压力，晒干后即成鱿鱼干，其表面有一层“白霜”，色淡黄，肉肥厚，质紧密有韧性，味道鲜美（图3–39）。鱿鱼干以体形平展均匀、肉厚白亮、质地干燥、无杂质者为佳。在面点应用中多用于面点的馅心制作。

图 3-39　鱿鱼

3. 鲍鱼

鲍鱼是一种海产贝类软体动物，也称石决明或大鲍，单壳，生活于低潮线下的浅海，以腹足吸附在岩礁上。捕捞后，将鲍鱼壳去掉，取其肉，加盐2%腌渍后再煮熟，晒干或烘干即为干鲍鱼。

鲍鱼的种类很多，有紫鲍、盘鲍、吸鲍、马蹄鲍、栗子鲍、珠子鲍等，其中以紫鲍最优。产于我国辽宁旅顺、大连，山东烟台和福建等地。鲍鱼干制品体干坚硬，呈椭圆形、紫色，肉饱满，含蛋白质40%、碳水化合物33.7%、矿物质7.9%，并含有维生素，是名贵的干货品种之一（图3–40）。在面点制作中作为名贵原料来使用。

图 3–40　鲍鱼

4．虾皮

虾皮不是虾的皮，而是一种小虾（中国毛虾）被晾晒至干而成的食品，毛虾个体小，一般只有3厘米（图3–41）。这种虾的虾肉很少，晒干后肉更不明显，给人一种只有一层虾皮的感觉，入口松软，味道鲜美，是我国出口创汇的重要海产品之一。虾皮有两种，一种是生晒虾皮，另一种是熟煮虾皮。前者无盐分，鲜味浓，口感好，而且不易发潮霉变，可长期存放。后者为煮熟晒干的虾皮，色泽淡红、有光泽、质地软硬适中、有鲜味为佳。虾皮中含有丰富的蛋白质和矿物质，尤其是钙的含量极为丰富，还有丰富的镁元素，具有补肾壮阳、理气开胃之功效。

图 3–41　虾皮

虾皮可用于各种菜肴及汤类的增鲜提味，是中西菜肴中不可缺少的海鲜调味品。特别是面点制作中，作为素馅心的辅料。

5．海米

海米也称虾米或虾仁，为海产白虾、红虾、青虾加盐水焯后晒干，纳入袋中，扑打揉搓，去皮去杂，经加盐蒸煮、干燥、晾晒、脱壳等工序制成的产品。因如米形，故称海米。以白虾米为上品，色味俱佳。海米食用前加水浸透，肉质软嫩、味道鲜醇，煎、炒、蒸、煮均宜，味道鲜美，为“三鲜”之一。海米营养丰富，富含钙、磷等多种对人体有益的微量元素，蛋白质含量非常高，对心血管病患者、肾虚阳痿、男性不育症、腰脚无力有一定益处（图3–42）。

图 3–42　海米

海米可用于各种菜肴及汤类的增鲜提味，也是荤素搭配适宜的辅料。特别是面点制作中，荤素馅心经常用到。

6．干贝

干贝，也称江瑶柱、扇贝柱等，是扇贝的干制品，干贝中优质新鲜的，呈淡黄色，如小孩指头般大小。粒小者次之，颜色发黑者再次之。干贝富含蛋白质、碳水化合物、核黄素和钙、磷、铁等多种营养成分，干贝含丰富的谷氨酸钠，味道极鲜，与新鲜扇贝相比，腥味大减，具有滋阴补肾、和胃调中、降血压、降胆固醇、补益健身、抗癌、软化血管、防止动脉硬化等功效（图3-43）。

图 3-43 干贝

干贝可用于各种菜肴及汤类的增鲜提味，也是荤素搭配适宜的辅料。特别是面点制作中，荤素馅心经常用到。

思考题

1. 肉的组织结构有哪些？各有什么特点？
2. 简述肉的营养成分。
3. 简述肉及肉制品在面点中的运用。

4
模块

果品及其制品

▷ 模块导读

果品一般指木本果树和部分草本植物所产的可直接生食的果实，也包括各种种子植物所产的种仁。果品原料是人们日常生活中必不可少的食物，也是重要的烹饪原料。由于受产地、产季等多方面因素的限制，对于烹饪工作者而言并不是对每一种果品都能耳熟能详。通过本模块的学习，进一步提高对果品的选择和鉴别能力，更好地将果品运用于生产实践。

▷ 学习目标

1. 了解果品类原料的种类
2. 掌握果品的结构、营养特点
3. 掌握常见果品原料的名称、产季、产地及在烹饪中的应用
4. 掌握果品原料的初加工方法及烹饪应用

项目一 果品的结构和营养成分

项目驱动

本项目主要是学习果品类原料的基本知识，通过教师的讲授、演示、实物（图片）展示，学生能够掌握果品类原料的化学成分、组织特点、果品类原料在面点中的应用。

知识链接

果品是鲜果、干果和果制品的统称，是人工栽培的木本植物和草本植物的果实或种子以及其加工制品的总称，是人们日常生活中重要的副食品来源。

果品在面点运用中应用较广，主要是作为面点馅心的原料。我国是盛产果品大国，果品资源十分丰富，一年四季均有供应，尤其是夏、秋两季上市最多，具体品种已达10000多种，现仍在不断开发新品种。

一、果品的分类及其构造

我国土地辽阔，地形复杂，寒、温、热三带气候俱全。因此，果树资源丰富，果品繁多。果品的分类，一种分类法是按果实成熟后水分的含量分类，分为鲜果（如桃、梨、杏、苹果、柑橘、香蕉、菠萝等）、干果（如栗子、核桃、花生）等。另一种分类法是按果实的构造特点可分为：仁果类、核果类、浆果类、坚果类、柑橘类、复果类。

二、果品的营养成分

果品是人们日常生活中重要的食物之一，含有大量的水分、碳水化合物、维生素和矿物质，其中蛋白质和脂肪的含量较低，除此以外，鲜果中还含有色素、有机酸、挥发性的呈香物质等。

果品中含有大量的水分，特别是鲜果，是果品脆爽的主要因素，很多营养物质溶解在水中，但水分含量大，不易贮存。

果品中的碳水化合物主要有单糖、双糖、多糖以及淀粉、纤维素和果胶物质，鲜果中以单糖和双糖居多；干果中淀粉的含量较大。

果品中的维生素含量较多，主要是水溶性维生素，其中含量最多是维生素C，因此多食水果可补充维生素的不足。

果品中还含有大量的有机酸，如苹果酸、酒石酸、柠檬酸、琥珀酸等，这些有机酸对果品的不同风味物质的形成有重大影响。

干果中脂肪的含量较多，如花生、核桃、腰果、松子等。

成熟的果品还含有大量挥发性呈香物质，因此能散发出诱人的香气。

鲜果中还含有一种单宁物质，单宁物质遇到铁会变黑，切开后容易氧化褐变，也影响人体对其他物质的吸收。

三、果品类原料的烹饪应用

果品多数可不经烹饪加工直接食用，或作餐前开胃菜，或作餐后果盘。此外，果品原料也是烹饪中的一类重要原料，有着较为广泛的应用。

（1）果品作为主料　多用于甜菜、甜羹的制作，如拔丝苹果、琥珀桃仁、什锦水果羹等。

（2）果品作为配料　应用于荤素菜肴的制作中，如宫保鸡丁、腰果西芹、雪梨鸡片等。

（3）果品作为菜点的装饰与配色，美化菜点原料　如草莓、猕猴桃、橙子等常用于围边及裱花蛋糕的点缀。

（4）果品作为制作面点馅心原料　如水果塔、苹果派、莲蓉酥等。

（5）果品作为立体雕刻与造型原料　如西瓜盅。

（6）果品作为药膳和保健食品原料　如桂圆八宝粥、白果鸡丁等。

（7）果品作为调料原料　果品含糖、有机酸和多种芳香物质，可用果汁作调料烹制菜点，如橙汁烩鸭、果味瓜条等。

（8）在面点食品中加入水果汁、水果泥、果肉、果酱或水果纤维粉末（果渣粉末）等添加物，对面团发酵过程会产生良好的影响，并使食品质量提升。

项目二 果品的种类与应用

项目驱动

本项目主要是学习果品类原料的种类，通过教师的讲授、实物（图片）展示，要求能够掌握果品类原料的种类以及这些果品类原料在面点中的应用。

知识链接

一、鲜果

1．苹果

苹果又称平波、频婆。果实呈圆、扁圆、长圆、椭圆等形状，果皮青、黄或红色。苹果的品种很多，目前我国有400余种，市场常见的有几十种，根据成熟期可分为早熟种、中熟种和晚熟种。苹果的性质特点随不同地区、不同品种而不同。比较有名的品种有国光、红玉、元帅、青香蕉、红香蕉、倭锦、迎秋、玉霞等。苹果口味多呈酸甜味（图4–1）。

图 4–1 苹果

苹果营养丰富，富含碳水化合物、维生素、果胶、有机酸以及钙等矿物质，有排出盐分、降血压、降低胆固醇、刺激肠蠕动、利尿通便等作用。苹果中的果胶还能调整人体生理机能。

苹果在面点应用中多用于制作馅心，也可做成苹果酱等。

2．香蕉

香蕉是我国栽培的古老品种之一，主要产于我国的台湾、福建、广东、广西、云南、贵州、四川等地。其主要品种有粉蕉和甘蕉两大类。一般7～11月上市。优良品种有北蕉、短香蕉、天宝蕉等。香蕉果实成串，成熟后色泽金黄、果肉白色略浅黄，食用其胎座，供鲜食，大蕉类可代替粮食（图4–2）。

香蕉营养丰富，富含糖分、矿物质和多种维生素，有止烦渴、润肺肠、通便、降血压、镇静等作用。

香蕉在面点运用中主要用于制作馅心：如香蕉月饼，从香蕉中提取的香蕉精是食品中的名贵香料，在面点中应用较广。

图 4–2　香蕉

3．菠萝

菠萝又称凤梨、露兜子。果实为球果状，汁液丰富，香味浓烈（图4–3）。

菠萝是世界著名果品，也是重要的水果之一，原产巴西，在我国热带地区盛产，主要有夏威夷种、神湾种和本地种。

图 4–3　菠萝

菠萝营养丰富，富含维生素C、糖分及多种有机酸，有清热解渴、消食止泻、利尿消肿等功效。菠萝中还含有一种“菠萝酶”的物质，对口腔黏膜和嘴唇皮肤有刺激作用。因此，鲜食时可用盐水浸泡一段时间，因为食盐能抑制菠萝酶的活性，但菠萝过敏者忌食。

菠萝在面点应用中多用于制作甜味的馅心，也可用于装饰点缀、榨汁等。

4．草莓

草莓又称洋莓、地莓、地果、红霉等，果实为聚合果，形状有圆锥形、圆形、心脏形。原产于南美洲，我国20世纪初引进栽培，其品种繁多，全世界有2000多个品种，我国比较著名的品种有五月香、小鸡心、紫晶等。每年5～6月份为上市季节，果实鲜红美艳、柔软多汁、酸甜宜人、芳香馥郁，有“水果皇后”的美誉（图4–4）。

图 4–4　草莓

草莓营养丰富，富含果糖、蔗糖、各种有机酸、维生素和矿物质，具有清暑解热、生津止渴、利尿止泻、明目养肝、助消化等功效。

草莓在面点应用中多用于制作草莓酱及装饰、点缀、美化作用。

5．椰子

椰子为棕榈科植物，椰子树的果实起源于东南亚马来群岛，是我国热带主要果品之一，主要产于我国的台湾、海南等地。椰子果实呈坚果状、外果皮薄、中果皮厚，其果肉呈白色乳脂状、质脆滑，有花生仁和胡桃肉混合的香气，椰汁丰富、乳白（图4–5）。品种有高椰和矮椰之分。

图 4–5　椰子

椰子其肉及汁营养丰富，富含蛋白质、脂肪及多种纤维素和矿物质。椰肉对人体有补虚强壮、止咳化痰的功效；椰汁具有清热解渴、生津利水的作用。

椰子可加工成椰蓉，是面点中常用的原料，椰肉可作为面点馅心原料使用。

6．荔枝

荔枝又称离支、火荔、大荔、丹荔枝，原产于我国南部，为热带果树中的珍贵果品之一。主要产于我国广东、广西、福建、四川等地，每年6～7月成熟上市。主要品种有广东的糯米糍，广西桂林妃子笑，福建的元红、黑叶、三月红等，达60多种。

图 4-6　荔枝

新鲜的荔枝色泽鲜艳、个大核小、肉厚质嫩、汁多味甜、富有香气。果皮布满鳞斑状凸起，呈鲜红、紫红、深红或淡红色（图4–6）。

荔枝营养丰富，富含糖分、多种维生素、矿物质及多种有机酸，具有消肿、止痛、镇咳之功效。

荔枝除鲜食外，可加工成多种制品，面点中常用的果酱、蜜饯等均可利用荔枝来加工。

7．山楂

山楂又称山里红、红果。果实近球形、红色、味酸甜，秋季上市，主要产于我国河北、北京、山东、江苏、云南、广西、河南等地。其主要种类有山楂、大山楂、猴山楂、野山楂、山东山楂和云南山楂6种，其中以大山楂栽培最多（图4–7）。

图 4-7　山楂

山楂营养丰富，富含糖分、多种有机酸、维生素和矿物质，有消食健胃、活血化瘀、收敛止痢等功效。

山楂常用来做成山楂糕，山楂糕是面点中常用的原料，多用作馅心、装饰等，酸甜可口、色形诱人。

8．葡萄

葡萄又称蒲桃、山葫芦、草龙球，原产欧洲、亚洲南部和非洲北部，现我国各地均有栽培，以新疆、甘肃、河北、陕西等较多。葡萄的品种很多，主要有龙眼、黑鸡心、牛奶黑玛瑙、牛奶白玛瑙、牛奶紫玛瑙等，引进的品种有粉红太妃、葡萄园皇后、玫瑰无核黑、巨峰、零丹等，口味酸甜，颜色有黑、白、紫、红等色（图4–8）。

图 4-8　葡萄

葡萄营养丰富，富含糖分、有机酸、维生素、矿物质，其糖分极多且是葡萄糖，易被人体消化吸收。具有补虚健胃、止渴、防衰老等功效。

葡萄在面点制作中，常用其制品葡萄干来加工制作产品，用途较广。

9．西瓜

西瓜又称寒瓜、夏瓜、水瓜，原产非洲，现我国各地均有栽培，呈圆形或椭圆形，皮色浓绿、黑色、白色、绿白或绿中夹蛇纹。多汁味甜、肉质鲜红、淡红、黄色或白色，有瓜子或无瓜子，为夏季主要水果（图4-9）。比较有名的品种有山东德州的喇嘛瓜、河南开封的大花棱瓜、河北保定的三白瓜、浙江平湖的枕头瓜等。

图 4-9　西瓜

西瓜可分为食用和种子用两种类型，种子用西瓜皮厚、味淡、种子大而多，取种子多用于炒货，西瓜籽仁在面点中用作面点馅心。

西瓜营养丰富，富含糖分、维生素和矿物质，具有清暑解热、利尿、解酒毒、治喉病、医口疮等功效。

西瓜在面点应用中常用来制作西瓜冻、西瓜糕等品种。

10．哈密瓜

哈密瓜古称甜瓜、甘瓜，又称网纹瓜，维吾尔语称“库洪”，产于我国新疆和甘肃敦煌一带，呈卵圆形、瓜肉厚、橘红色或白色、质脆、甜香、风味独特，夏季上市较多（图4-10）。

图 4-10　哈密瓜

哈密瓜按成熟季节可分为早熟、中熟、晚熟三个品种；按皮色、条带可分为网纹、光皮两种。比较有名的品种有夏皮黄、巴登、网纹香梨、茉莉瓜等。

哈密瓜不仅肉味独特且营养丰富，富含糖分、纤维素、有机酸、果酸、维生素和矿物质，尤其矿物质铁的含量较高，具有消暑除热、生津止渴、利便、益气补血、清肺止咳等功效。

哈密瓜除鲜食外，常制作成瓜干、瓜脯，是面点中常用的原料。

11．柠檬

柠檬，又称柠果、洋柠檬、益母果等。原产马来西亚，目前地中海沿岸、东南亚和美洲等地都有分布，我国四川、台湾、福建、广东、广西等地也有栽培。其中四川安岳产地盛产柠檬，被誉为“中国柠檬之乡”。柠檬可用来调制饮料、菜肴、化妆品和药品（图4-11）。柠檬是世界上最有药用价值的水果之一，它富含维生素

图 4-11　柠檬

C、碳水化合物、钙、磷、铁、维生素B_1、维生素B_2、烟酸、奎宁酸、柠檬酸、苹果酸、橙皮苷、柚皮苷、香豆精、钾元素和少量钠元素等，对人体十分有益，有生津止渴，清热解暑，和胃降逆，化痰止咳之功效。柠檬一般不生食，而是加工成饮料或食品，如柠檬汁、柠檬果酱、柠檬片、柠檬饼等。

柠檬在面点中主要用来做面点的辅助原料和装饰点缀，也可用来做果酱、柠檬饼等。

12. 橘子

橘子颜色鲜艳，酸甜可口，一般呈橘黄色，是人们生活中最常见的水果之一，果皮可入药。橘子原产地中国，有数千年的栽培历史。由阿拉伯人传遍欧亚大陆，橘子至今在荷兰、德国都还被称为“中国苹果”。橘子具有开胃、止咳润肺的功效。橘子果实营养丰富，色香味兼优，既可鲜食，又可加工成以果汁为主的各种加工制品（图4-12）。

图 4-12 橘子

橘子在面点中主要用来做面点的辅助原料和装饰点缀等。

13. 火龙果

火龙果又称红龙果、龙珠果、仙蜜果、玉龙果。呈椭圆形，直径10～12厘米，外观为红色或黄色，有绿色圆角三角形的叶状体，白色、红色或黄色果肉，具有黑色种子的水果，因为外表像一团愤怒的红色火球而得名。里面的果肉就像是香甜的奶油，但又布满了黑色的小籽。质地温和，口味清香。果肉白色或红色。有近万粒具香味的芝麻状种子，故称为芝麻果（图4-13）。火龙果是热带水果，最好现买现吃。在5～9℃的低温中，新鲜摘下的火龙果不经挤压碰撞，保存期可超过1个月。在25～30℃的室温状态下，保质期可超过2个星期。火龙果可以分为三类：白火龙果，紫红皮白肉，有细小黑色种子分布其中，鲜食品质一般；红火龙果，红皮红肉，鲜食品质较好；黄火龙果，黄皮白肉，鲜食品质最佳。

图 4-13 火龙果

火龙果营养丰富、功能独特，它含有一般植物少有的植物性白蛋白以及花青素，丰富的维生素和水溶性膳食纤维。火龙果属于凉性水果，在自然状态下，果实于夏秋成熟，味甜，多汁。

火龙果在面点中主要用来做面点的辅助原料和装饰点缀等，特别是在西点中使用较多。

14. 圣女果

圣女果，俗称袖珍番茄、迷你番茄、樱桃番茄，是番茄大家族中的一员。既是蔬菜又是水果，果形有球形、洋梨形、醋栗形，果色有红色、粉色、黄色及橙色，其中以红色栽培居多（图4-14）。圣女果是一种非常好的保健营养食品，尤其适合人们追求天然和健康的潮流。圣女果外观玲珑可爱，含糖量很高，7%～8%，口味香甜鲜美，风味独特。圣女果中含有谷胱甘肽和番茄红素等特殊物质。这些物质可促进人体的生长发育，保护人体不受致癌毒素的侵害，维生素PP的含量居果蔬之首。圣女果所含的苹果酸或柠檬酸，有助于胃液对脂肪及蛋白质的消化，具有生津止渴、健胃消食、清热解毒、凉血平肝、补血养血和增进食欲的功效。

图 4-14　圣女果

圣女果在面点中主要用来做面点的辅助原料和装饰点缀等，特别是在西点中使用较多。

15．榴梿

榴梿，又名韶子、麝香猫果，台湾地区俗称“金枕头”。东印度和马来西亚是榴梿的原产地，以后传入菲律宾、斯里兰卡、泰国、越南和缅甸等国，中国海南也有少量栽种，具有热带“水果之王”之称（图4-15）。成熟果足球大小，果皮坚实，肉色淡黄，黏性多汁，香味独特，酥软味甜，吃起来有陈乳酪和洋葱味。头一次食用榴梿时，具有异常的气味，细食清凉甜蜜，回味甚佳。具有滋阴强壮、疏风清热、利胆退黄、杀虫止痒、补身体之功效。

图 4-15　榴梿

在面点中主要用来做面点的辅助原料和装饰点缀等。

16．杧果

杧果，也称芒果、檬果、漭果、闷果、蜜望、望果、面果和庵波罗果，原产印度。成熟果之果皮有绿色、黄色，而至紫红色，果肉为黄色或橙黄色，果汁及纤维因品种而异。杧果果皮呈柠檬黄色，味道甘醇，形色美艳（图4-16）。杧果是著名的热带水果，在中国，主要产于台湾、广东、广西、海南以及福建、云南、四川等地。杧果的营养价值极高，维生素A含量高达3.8%，维生素C的含量也超过橘子、草莓。杧果含有糖、蛋白质及钙、磷、铁等营养成分，均为人体所必需，具有益胃、解渴、利尿的功用。

图 4-16　杧果

杧果在面点中主要用来做面点的辅助原料和装饰点缀使用等，特别是在西点中使用较多。

17．樱桃

樱桃，又称莺桃、含桃、荆桃、朱樱、朱果、樱珠等。中国樱桃栽培始于19世纪70年代，是由当时的传教士和侨民等带进来的。樱桃营养丰富，所含蛋白质、糖、磷、胡萝卜素、维生素C等均比苹果、梨高，尤其含铁量高，常用樱桃汁涂擦面部及皱纹处，能使面部皮肤红润嫩白，去皱消斑。樱桃是公认的美容佳品，能缓解电脑工作者的不适症状，能抗贫血，促进血液生成，具有益气、健脾、和胃、祛风湿、滋养肝肾、涩精、止泻的功效。常见的品种有：红灯、红蜜、红艳、早红、先锋、大紫拉宾斯、黄蜜、美早、龙冠、早大果、拉宾斯、那翁、梅早等（图4-17）。另外，樱桃虽好，但也注意不要多吃，因为其中除了含铁多以外，还含有一定量的氰苷，若食用过多会引起铁中毒或氰化物中毒。

图 4-17　樱桃

樱桃在面点中主要用来做面点的辅助原料和装饰点缀等，特别是在西点中使用较多。

18．猕猴桃

猕猴桃，也称狐狸桃、藤梨、羊桃、木子、毛木果、奇异果、麻藤果等，果形一般为椭圆状，其大小和鸭蛋差不多。外观呈绿褐色，表皮覆盖浓密绒毛，其内是呈亮绿色的果肉和一排黑色的种子。因猕猴喜食，故名猕猴桃，李时珍曰："其形如梨，其色如桃，而猕猴喜食，故有诸名。"亦有说法是因为果皮覆毛，貌似猕猴而得名。猕猴桃是一种品质鲜嫩，营养丰富，风味鲜美的水果（图4-18）。

图 4-18　猕猴桃

猕猴桃的质地柔软，口感酸甜。味道被描述为草莓、香蕉、菠萝三者的混合。猕猴桃含有猕猴桃碱、蛋白水解酶、单宁果胶和碳水化合物等有机物，钙、钾、硒、锌、锗等微量元素和人体所需17种氨基酸以及丰富的葡萄酸、果糖、柠檬酸、苹果酸、脂肪、胡萝卜素和多种维生素。秦岭北麓是中国猕猴桃资源最丰富的地区，也是世界猕猴桃的原生地，民间人工栽培的历史达1000多年。

猕猴桃在面点中主要用来做面点的辅助原料和装饰点缀等，特别是在西点中使用较多。

19．杨梅

杨梅，又名龙睛、朱红、圣生梅、白蒂梅、树梅，因其形圆圆的，和桂圆一样大小，味道似梅子，因而取名杨梅。杨梅是我国特产水果之一，果实色泽鲜艳，汁液多，甜酸适口，营养价值高。杨梅成熟时正是水果淡季，为市场提供了可食的时鲜水果，具有很高的药用和食用价值，在我国华东和湖南、广东、广西、贵州等地区均有分布。杨梅原产浙江余姚，江浙一带盛产杨梅，余姚和慈溪是知名的杨梅之乡，有千年的古杨梅树。该属有50多个品种，中国已知的有杨梅、白杨梅、毛杨梅、青杨梅和矮杨梅。果味酸甜适中，既可直接食用，又可加工成杨梅干、酱、蜜饯等，还可酿酒（图4-19）。杨梅果肉的含糖量为12%～13%，含酸量为0.5%～1.1%，富含纤维素、矿质元素、维生素和一定量的蛋白质、脂肪、果胶及8种对人体有益的氨基酸，其果实中钙、磷、铁含量是其他水果的10多倍。具有生津止渴、健脾开胃、消食、除湿、解暑、生津止渴、助消化、御寒、止泻、利尿、防治霍乱等多种功能。

图 4-19　杨梅

杨梅在面点中主要用来做面点的辅助原料和装饰点缀等，特别是在西点中使用较多。

20. 蓝莓

蓝莓，意为蓝色的浆果之意，是一种小浆果，果实呈蓝色，色泽美丽、悦目，并被一层白色果粉包裹，果肉细腻，种子极小。蓝莓果实平均重0.5～2.5克，最大重5克，可食率为100%，甜酸适口，且具有香爽宜人的香气，为鲜食佳品（图4-20）。原产和主产于美国，又被称为美国蓝莓。我国主要产于大兴安岭和小兴安岭林区，尤其是大兴安岭中部，而且都是纯野生的。近几年来才成功进行人工驯化培植。蓝莓果实中含有丰富的营养成分，它不仅具有良好的营养保健作用，还具有防止脑神经老化、强心、抗癌软化血管、增强人机体免疫等功能。

图 4-20　蓝莓

蓝莓在面点中主要用来做面点的辅助原料和装饰点缀等，也可用来做酱。

二、干果

干果，即果实成熟时果皮呈干燥状态的果子或者人加工后的果实。果实在完全成熟后，由于含水分多少不同，还有干果和肉果的分别，成熟后果皮干燥的果实叫干果。干果又分裂果和闭果，它们大多含有丰富的蛋白质，维生素、脂质等。我们生活中常见的干果有很多，例如板栗、榛子、腰果、核桃、瓜子、莲子、白果、杏仁、开心果（图4-21）、花生、松子、栗子、芝麻、胡桃等。

图 4-21　开心果

1. 松子

松子是红松、华山松、白皮松等松树的种子，又称海松子、松子红。其外壳坚硬，松仁干香。我国是出口松子仁的主要国家。红松子主要产于长白山和大小兴安岭一带，颗粒大、肉饱满、含油量高；华山松子为我国特产品种，分布于山西、云南、河南、甘肃等地（图4–22）。

图 4-22 松子

松子营养成分很高，富含蛋白质、脂肪、碳水化合物和矿物质，特别是不饱和脂肪酸含量极高，有润肺止咳、补肾益气、养血润肠等功效，特别是对老年体弱、腰痛、便秘、眩晕，小儿生长发育迟缓有积极作用，常食松子，可以强身健体。

松子仁经油炸或烘烤后，香脆诱人，因此，松子仁在面点运用中常用作配料和馅心，特别是在糕点应用中较广，松子油是上等的食用油。

2. 花生

花生又称落花生、花生果、长寿果等，其形状有长圆、长卵形、短圆形等。去壳后得花生仁，花生仁为其食用部分，又称生仁，外表有一层淡红色仁衣。花生的主要品种有普通型、蜂腰型、多粒型、珍珠豆型等，有“植物肉”“素中之荤”之称（图4–23）。花生原产于巴西，约16世纪传入我国，我国以黄河中下游最多，每年9～10月上市。

图 4-23 花生

现在有一种彩色花生，是普通花生因果仁颜色变异而产生的多种颜色，主要有富硒花生、白玉花生、珍珠花生等。

花生营养丰富，富含蛋白质、脂肪、矿物质及维生素，有扶正补虚、悦脾和胃、润肺化痰、滋养调气、利水消肿、止血补血、健脑增忆等功效。由于其脂肪含量丰富，多用于榨油，且其脂肪酸多为不饱和脂肪酸，是上等的优质油料。

花生仁经油炸或烧烤成熟后，香脆诱人，在面点中多用于制作配料和馅心，也可制作花生酱等，用途极其广泛。

3. 芝麻

芝麻又称脂麻、胡麻，原产于我国云贵高原，是我国四大食用油料来源之一，其形状扁圆，有白、黄、黑等颜色，以白色居多（图4–24）。

芝麻营养丰富，特别是脂肪含量高达61%，脂肪中含有大量人体必需的脂肪酸，亚油酸含量高出43.7%。特别是黑色芝麻，对人体有补肝益肾、润燥通便之功效。

图 4-24 芝麻

芝麻油香气扑鼻，是面点中常用的调料，芝麻酱、芝麻粉、芝麻糊也是面点中常用的原料。

4. 银杏果

银杏果俗称白果，原产于中国，银杏有“活化石”之称，雌雄异株，主要分布在山东、江苏、福建、湖南、江西、四川、广东、广西等地。银杏果形状为核果状、椭圆形或侧卵形，按果形分有梅核果、佛手果、马铃果等，外种皮肉质，中种皮骨质，内种皮膜质，其肉质色白（图4-25）。银杏果价值主要体现在食用和药用。

图 4-25　银杏果

除银杏果外，银杏叶也具有重要的药用价值，其提取物多达160多种，具有化痰、止咳、润肺、利尿的功效，尤其对心脏病、高血压有很好的疗效。

银杏芯（胚芽）含有氰苷等有毒物质，食用时应去除。

银杏在面点中主要用于制作馅心或配料。

5. 板栗

板栗又称栗子、毛栗，是我国栽培最古老的品种之一。其果实为球形，壳坚硬。生板栗肉质脆，熟板栗肉质糯。按产地有北方栗和南方栗两大类，北方栗坚果较小；南方栗坚果较大，肉偏硬。比较有名的品种有良乡板栗、明栗、大油栗、白毛栗、魁栗、浅刺大板栗等（图4-26）。主要产于黄河流域及其以北的山地，每年9～11月份为上市季节。

图 4-26　板栗

板栗富含淀粉、蛋白质、脂肪，有“干果之王”的美称，对人体具有养胃健脾、补肾强筋、活血止血等功效。

板栗在面点应用中较广，可加工成栗干、栗粉、栗酱等多种产品，可直接用于面点加工，也可用于配料或馅心。

6. 核桃

核桃又称胡桃。其果实呈椭圆或球形，内果皮坚硬、木质化、有雕纹，其种子称为桃仁。原产于伊朗，现我国西北部盛产，每年9～10月份上市。核桃可分为绵桃和铁桃两个品种，以绵桃居多，质优，比较有名的品种有绵核桃、石门核桃、薄皮核桃、光皮核桃等（图4-27）。它与扁桃（大杏仁）、腰果、榛子并列为世界四大干果，有“大力士食品”“益智果”“长寿果”等美称。

图 4-27　核桃

核桃营养丰富，富含碳水化合物、蛋白质、脂肪、矿物质和维生素，具有通润血脉、补气养血、温肺润肠、润燥化痰、益智安神、乌发等功效。

核桃在面点应用中主要用于制作配料和馅心，特别是在传统的糕点工艺中应用更广。

7. 桂圆

桂圆又称龙眼，原产于我国南部和西南地区，主要分布在台湾、福建、广西、广东等地（图4–28）。鲜桂圆经加工后称为桂圆干，果实呈圆形，壳硬、有核，果肉柔糯质薄。

图 4–28 桂圆

桂圆营养丰富，含有较多的蛋白质、碳水化合物、脂肪、维生素和矿物质，其糖分主要为葡萄糖、蔗糖。桂圆有壮阳益气、补益心脾、养血安神、润肤美容等功效，可治疗贫血、心悸、失眠、健忘、神经衰弱及病后、产后身体虚弱等症。

桂圆肉质柔糯，在面点应用中常用来制作馅心或配料。

8. 杏仁

杏仁是普通杏和巴旦杏（扁桃）的核仁，一般可分为苦杏仁和甜杏仁两种。苦杏仁含有苦杏仁苷和苦杏仁酶，苦杏仁苷可被苦杏仁酶水解产生氢氰酸和苯甲醛，有微毒，因此，一般供药用。甜杏仁颗粒比苦杏仁大，主要产于河北、新疆、陕西、内蒙古、甘肃一带，主要品种有白玉扁、龙王帽、九道眉等（图4–29）。

图 4–29 杏仁

杏仁富含蛋白质、脂肪、碳水化合物、维生素及矿物质，具有特殊香味，脂肪含量较高。有止咳平喘、润肺通便、润肤美容的功效。

由于杏仁脂肪含量高且具有特殊香味，因此，在面点应用中较多，可作面点的配料和馅心，如五仁馅心等。

9. 腰果

腰果又称鸡腰果、介寿果。由果壳、种皮和种仁三部分组成，去其硬壳后的种子称为腰果仁，呈肾状，色泽玉白，长1.5 ~ 2厘米，味清香（图4–30）。原产于巴西，我国20世纪30年代引种，主要产于广东、海南等地。与核桃仁、榛子、杏仁并列为世界四大干果，为名贵干果。

图 4–30 腰果

腰果脂肪丰富，含有丰富的蛋白质、脂肪、碳水化合物和各种维生素，其脂肪含量高达40%，其榨取的油是一种高级食用油，具有润肺、去烦、除痰等功效。

腰果在面点运用中主要用于制作配料或辅料。

10. 莲子

莲子又称莲实、莲心，是莲藕的果实（莲蓬）去壳后的种子，椭圆或卵形，长1.5 ~ 2.5厘米。按季节可分为夏莲和秋莲；按种植方法可分为家莲、湖莲和田莲；按颜色可分为白莲和红莲。原产于我国，主要以湖南、湖北、江西、福建所产最多，且质量好。主要品种有湘莲、白莲、红莲、通心莲等（图4-31）。

图 4-31　莲子

莲子富含蛋白质、脂肪、碳水化合物及矿物质，具有补脾止泻、益肾固精、养心安神等功效。

莲子在面点应用中用途较广，主要用作配料和馅心的原料。

11. 瓜子

瓜子，种类较多，有葵花子（图4-32）、白瓜子、吊瓜子、西瓜子（图4-33）、南瓜子、黄瓜子、丝瓜子等。瓜子营养丰富，香气诱人，西瓜子能健胃、利肺、润肠；葵花子脂肪酸及维生素E含量丰富；南瓜子有驱虫作用，适当嗑点瓜子，能刺激舌头上的味觉神经，促进唾液、胃液的分泌，有利消化，有益健康，还能促进面部肌肉的运动。

图 4-32　葵花子

适量吃瓜子好处很多，如瓜子中的亚麻油酸可以保持血压稳定，降低体内胆固醇等。但吃太多瓜子容易加重肝脏负担形成脂肪肝，还会导致瓜子牙。

瓜子在面点应用中用途较广，主要用作配料和馅心的原料。

图 4-33　西瓜子

三、果制品

1. 蜜枣、干枣

用鲜枣制成的果脯，一般称作蜜枣。制蜜枣的原料一般选用体大、核小、皮薄、果肉疏松、含水分较少、含糖量较高的品种（图4-34）。

图 4-34　蜜枣

干枣是用鲜枣直接晒干制成的品种，分为大枣和小枣两个部分。

无论蜜枣还是干枣，都是面点中常用的原料，主要用作枣泥馅。

2．葡萄干

葡萄干是将成熟的鲜葡萄经晾晒后的干制品，有白葡萄干和红葡萄干之分。制作葡萄干应选用皮薄、肉质丰满柔软、含糖量高的品种，以新疆吐鲁番的无核葡萄干最为著名。制作葡萄干采用的是阴干法，不受阳光照射、色泽鲜艳、果粒饱满（图4-35）。

图 4-35 葡萄干

葡萄干在面点应用中较广，主要用于配料或馅心。

3．山楂糕

山楂糕是以新鲜的山楂为原料制成的蜜饯。选用优质的新鲜山楂沸水煮熟，按一定比例加入砂糖和微量明矾熬制拌匀，晾凉后即是成品。以块形完整、表面油润、无明显斑点和粗糙感、半透明状、色彩鲜艳、酸甜适度、无异味为上品（图4-36）。北京产的山楂糕最为著名。

图 4-36 山楂糕

山楂糕是面点中常用的原料，可作馅心、配料及配色的原料。

4．蜜饯、果脯

蜜饯、果脯是用各种新鲜水果为原料，经过去皮、取核、糖水或蜂蜜煮制、浸泡、烘干和整理包装等主要工序制成的食品。蜜饯和果脯相似，蜜饯相对表面干燥，带有糖粉（图4-37）；果脯比较湿润，鲜亮透明，表面干燥，稍有黏性，含水量都在20%以下（图4-38）。其中以苹果、桃、杏、李子等水分含量比较大的居多。水果以新鲜饱满、成熟度为九成熟、酸度偏高、褐变不明显的品种为好。蜜饯、果脯色泽由浅黄到橘黄，色泽透明，呈椭圆形，不粘手，酸甜适口，块形完整，原果味浓，营养价值高。果脯种类繁多，著名传统产品有苹果脯、酸角脯、杏脯、梨脯、桃脯、太平果脯、青梅、山楂片、果丹皮等。

图 4-37 蜜饯

图 4-38 果脯

果脯在面点应用中较广，可作配料或馅心。

5．青红丝

青红丝是用鲜橘子皮经切成丝、浸泡、上色、糖渍、拌粉、日晒后得到的成品。常用于面点的馅心和点缀使用（图4-39）。

6．椰蓉

椰蓉是把椰子肉切成丝或磨成粉后，经过特殊的烘干处理后混合制成（图4–40）。椰蓉本身是白色的，而市面上常见的椰蓉呈诱人的油光光的金黄色，这是因为在制作过程中添加了黄油、蛋液、白砂糖、蛋黄等。这样的椰蓉虽然口感更好、口味更浓、营养更丰富全面，但是热量较高，不宜一次食用过多，也不要将这种椰蓉撒在糖葫芦上食用。

椰蓉主要用来做糕点、月饼、面包等的馅料和撒在糖葫芦、面包的表面，以增加口味和装饰表面的作用。

7．可可粉

可可粉是可可豆直接加工处理所得的可可制品，从可可液块经压榨除去部分可可脂后即得可可饼，将可可饼粉碎后经筛分所得的棕红色粉体即为可可粉（图4–41）。可可粉按其含脂量分为高、中、低脂可可粉；按加工方法不同分为天然粉和碱化粉。市场可提供各种规格的可可粉，颜色从浅棕色至深红色。可可粉具有浓烈的可可香气，直接用于巧克力和饮料的生产。

可可粉适用于各类的中点和西点，可用于制作馅心，也可作为颜色来使用，或者作为点缀来使用。

图 4–39　青红丝

图 4–40　椰蓉

图 4–41　可可粉

8．果酱

果酱是把水果经过选择、洗涤、去皮、去核、切分后，加糖煮熬而成，用酸度调节剂混合后的凝胶物质，也称果子酱（图4–42）。制作果酱是长时间保存水果的一种方法。除草莓、蓝莓、葡萄、玫瑰等小型果实，橙、苹果、桃等大型果实切小后，同样可制成果酱，不过调制通常只使用一种果实。无糖果酱、平价果酱或特别果酱（如：榴梿、菠萝），便会使用胶体。果酱常使用的胶体包括：果胶、豆胶及三仙胶。常见的果酱有苹果酱、猕猴桃酱、樱桃果酱、桑椹酱、草莓酱、蓝莓

图 4–42　果酱

酱、柠香果酱、杨梅酱、山楂酱、菠萝酱、香橙酱。根据国家新标准，果酱分为水果果酱、蔬菜果酱和混合类果酱三大类。

果酱是面点中常用的原料。果酱质地细腻、味道酸甜，具有水果的香气。可供直接食用，也可涂抹面包食用，或作面食的馅心，如瑞士卷，还可以作糕点的装饰料、炸制品的蘸料，如用于食用炸薯条。

9. 枣泥

枣泥是选用无腐烂、虫蚀、机械伤的鲜枣，经洗涤、去皮、去核、破碎、预煮、打浆和筛滤后，加糖煮制，浓缩而成。颜色呈黑红色、质地细腻、甜味醇正（图4-43）。

图4-43 枣泥

在烹饪中可用于面点的馅心。

10. 瓜条

瓜条又称糖冬瓜，是选用青皮、瓜肉肥厚的鲜冬瓜为原料，经刨皮、切条等加工，配以白砂糖精制而成。瓜条外观洁白，略带透明，质地松软，风味甜爽（图4-44）。

瓜条以表面干燥、糖霜均匀、糖液渗透均匀、组织饱满、肉质稍脆、食时无纤维感、色白、半透明者为佳。

瓜条可直接食用，是制作糕点的主要原料。

11. 橘饼

橘饼是选用柑橘经洗涤、划缝、硬化处理后，再用糖浸渍，最后拌糖粉制成的。橘饼外形呈菊花状，果形完整，组织饱满，半透明，金黄色或橙黄色、酸甜适度，有原果浓香（图4-45）。

橘饼在烹饪中可作为点心的馅心。

12. 蔓越梅干

蔓越梅原产地美国，口感酸甜不腻，色泽艳红如宝石，富含多种维生素及矿物质，是世界公认的健康食品之一（图4-46）。

蔓越莓干常用于西点制作。

图4-44 瓜条

图4-45 橘饼

图4-46 蔓越梅干

思考题

1. 果品的分类有哪几种?
2. 果品的营养成分有哪些?
3. 面点中常用的果品及其制品有哪些? 有哪些具体应用?

5
模块

蔬菜及其制品

模块导读

蔬菜是植物性面点原料中重要的一大类，通常是指可供佐餐食用的草本植物的总称；此外还包括少数木本植物的嫩枝、嫩茎和嫩叶以及部分低等植物。

蔬菜类原料是人们餐桌上不可缺少的烹饪原料之一，其品种丰富。在日常生活中，对于蔬菜类原料的选择与加工，大多数人对常见蔬菜品种有一定的实际操作经验，但对于一些比较特殊的原料，则了解不多，这给操作带来一定的难度。通过本模块的学习，进一步了解蔬菜的品种及特点，掌握蔬菜选择与加工的知识，并能运用于实际，对于一些常规的蔬菜原料能够进行一定的加工处理并达到一定的要求。

学习目标

1. 了解蔬菜的种类
2. 熟悉各类蔬菜的品质特点、产地、产季
3. 掌握蔬菜类原料的初步加工方法

项目一 蔬菜的营养成分与分类

项目驱动

本项目主要是学习蔬菜类原料的营养成分及分类的相关知识，通过教师的讲授、演示、实物（图片）展示，学生能够掌握蔬菜类原料的品种、化学成分、品质特点以及常见蔬菜类原料的初步加工的方法和蔬菜类原料的应用。

知识链接

一、蔬菜的营养成分

1．蛋白质

蔬菜中的蛋白质含量较低，但野菜的蛋白质含量稍高于蔬菜，豆类中含植物蛋白较多，且易被人体消化吸收。

2．脂肪

蔬菜中的脂肪含量很低，主要存在于一些蔬菜的果实中，如油菜籽。蔬菜的脂肪不饱和脂肪酸较多，人体较容易吸收。

3．碳水化合物

蔬菜中所含的碳水化合物主要有淀粉和纤维素，块茎类的蔬菜中含淀粉较多，是人体所需热量的来源；地上茎及叶菜类中纤维素较多，纤维素能促进人体肠胃的蠕动，有助于人体的消化和吸收。

4．维生素

蔬菜是人体获得维生素的重要来源，蔬菜中维生素除维生素A和维生素D外，其他维生素都广泛存在。其中最突出的是维生素C和胡萝卜素，含量十分丰富，维生素对维持人体的生理机能有重要作用。

5．矿物质

蔬菜是人体所需矿物质的重要来源之一，蔬菜中含有丰富的钙、磷、铁、钾、钠、镁、锌、铜等，这些矿物质是组成人体的各种组织的重要组成部分，对维持人体的渗透压、调节人体的酸碱平衡及人体的各种生理机能有重要作用。

6．水分

蔬菜中含有大量的水分，是形成蔬菜脆嫩的主要因素，但因为水分含量大，在贮存的过程中容易腐烂。

7．有机酸、挥发性物质和色素

蔬菜中含有许多有机酸，如番茄含有大量的柠檬酸及少量的苹果酸等，因此蔬菜具有一定的酸味。

蔬菜中还含有多种挥发性物质，如葱、姜、蒜（图5-1）、辣椒等的辛辣味；芹菜、香菜的辛香味，这些都是由挥发性物质引起的。

图 5-1　蒜头

蔬菜中还含有大量的色素，如叶菜类中的叶绿素、胡萝卜中的胡萝卜素、番茄中的番茄红素等。

二、蔬菜的分类

1．根据蔬菜的来源分类

根据蔬菜的来源可分为人工栽培蔬菜和野生蔬菜。

2．根据其构造和可食用部分分类

根据其构造和可食用部分可分为六类。

（1）叶菜类　以蔬菜的叶片和叶柄为主要食用部位，如大白菜、小白菜、菠菜、油菜等。

（2）茎菜类　以蔬菜的茎为主要食用部位，根据部位不同又可分为地上茎、根茎、块茎、球茎、鳞茎等。地上茎如莴苣（图5-2）、茭白、芦笋等；根茎如藕、姜等；块茎如土豆、山药等；球茎如荸荠、慈姑等；鳞茎如洋葱、百合等。

图 5-2　莴苣

（3）根菜类　以蔬菜的根为主要食用部位，如白萝卜、胡萝卜等。

（4）花菜类　以蔬菜的花为主要食用部位，如菜花、黄花菜以及荷花等花卉类中的一些花。

（5）果菜类　以蔬菜的果实及幼嫩的种子为主要食用部位，又分为茄果类、荚果类和瓜果类。茄果类如辣椒、茄子、番茄等；荚果类如刀豆、嫩蚕豆、毛豆等；瓜果类如冬瓜、黄瓜、南瓜等。

（6）食用菌与藻类　主要是食用菌类和食用藻类。食用菌类如木耳、银耳、香菇等；食用藻类如海带、紫菜等。

三、蔬菜在烹饪中的应用

蔬菜是原料中的一个重要组成部分，在烹饪中有着广泛的应用。

（1）蔬菜可作为制作菜肴的主料，且应用广泛　如开水白菜、香菇菜心、奶汤蒲菜等。

（2）蔬菜可作为制作菜肴的配料　如银芽鸡丝、瓜姜鱼丝、萝卜丝鲫鱼汤等。

（3）部分蔬菜类原料是重要的调味蔬菜　部分蔬菜有重要的调味作用，能除去异味、增加风味，如葱、姜、蒜等。还有一部分能对原料进行矫味，如炖制羊肉时加入适量的胡萝卜或萝卜，能起到去膻味的功效。

（4）蔬菜可作为面点、小吃制作过程中的馅心原料　如青菜、萝卜、芹菜、荠菜、雪里蕻、香菇、木耳等，都可用于多种面点、小吃馅心的制作，如翡翠烧卖、萝卜丝酥饼、韭菜饼、芹菜牛肉水饺、荠菜春卷等。

（5）蔬菜可作为食品雕刻的重要原料　如瓜果类、根菜类、茎菜类，包括部分叶菜类蔬菜等，用它们可雕刻成各种花、鸟、虫、鱼、兽等栩栩如生的动植物造型，也可雕刻成各地的名胜古迹、亭台楼阁。

（6）蔬菜可作为菜点装饰、配色和点缀的原料　蔬菜具有丰富的色彩，多样的质感，可用于菜肴的围边、垫底、拼衬、填充等，使菜肴形色俱佳，起到美化菜肴，烘托主题的作用。

（7）蔬菜也可充当主食　马铃薯、南瓜、山药、藕、芋艿（图5-3）等淀粉含量较高的蔬菜可以代替粮食制作主食，如洋芋饼、南瓜烙等。

（8）蔬菜还可以腌制、泡制、酱制、干制成各种加工制品　如榨菜、泡菜、酱黄瓜、干香菇等，一些蔬菜还可以制作成罐头制品，如清水磨菇等。

图5-3　芋艿

项目二 常见的蔬菜品种与应用

项目驱动

本项目主要是学习常见的蔬菜及野菜原料的种类，通过教师的讲授、实物（图片）展示，学生能够掌握常见蔬菜及野菜的种类特点，熟悉蔬菜原料在面点中的应用。

知识链接

1. 大白菜

大白菜又称结球白菜、白菜、黄芽菜、菘。原产于我国，是我国最具有代表性和创造性的特产蔬菜之一。因其产量高，全国各地均有栽培，以山东、河北等省种植最多，一般9～12月上市，有“菜中之王”之美誉。

图 5-4 大白菜

大白菜形体较大，叶片多呈卵形，叶片相互抱合，内叶呈乳白色或黄白色（图5-4）。大白菜品种较多，比较有名的有胶州大白菜，天津青麻叶，北京大青口、大白口、青白口，山西阳城大毛边等。

大白菜热量低，纤维素含量丰富，有利于肠道蠕动和废物排出，有养颜去毒之功效，是预防糖尿病和肥胖症的理想食品，大白菜还含有钼、硒等微量元素及丰富的维生素A和维生素C，有抗癌作用。

大白菜品质柔嫩、容易成熟、口味淡雅，可制作多种风味菜肴及各种风味食物，如泡菜、酸菜等。面点制作中多用于调制馅心，荤素皆宜，有时也可用于包卷各种馅心。

2. 小白菜

小白菜又称青菜、鸡毛菜、毛白菜、油白菜，原产于我国，各地均有栽培，是一种大众化蔬菜。由于上市季节不同，有秋冬白菜、春白菜和夏白菜之分；由于品种不同，各地栽培的小白菜其形态也不同。其特点是生长期短、适应性强、质脆嫩（图5-5）。

比较有名的品种有南京四月白、矮脚黄，上海大白菜，广州马耳白菜，常州长白梗，合肥小叶菜等。

小白菜含有丰富的钙质和维生素C及胡萝卜素，能促进人体骨骼发育，加速人体的新陈代谢和增强机体的造血功能。

图 5-5　小白菜

小白菜在面点应用中常用来作馅、面团着色等。

3. 油菜

油菜又称黄薹、寒菜、胡菜、青菜等。我国是油菜栽培历史最久的国家，春、秋季种植，有芥菜型、白菜型、甘菜型等。主要品种有白帮油菜、青帮油菜等，以青帮油菜品质较好（图5-6）。

油菜薹也是常用蔬菜品种，油菜籽主要用于榨油。

图 5-6　油菜

油菜为低脂肪蔬菜，富含膳食纤维及植物激素，对降低血脂、解毒消肿、宽肠通便有一定功效。

油菜在面点应用中主要用于制作各种水饺、包子的馅心。

4. 菠菜

菠菜又称波斯草、鹦鹉菜等，因其根红，又称赤根等。原产于伊朗，我国唐朝时已有栽培，现全国各地均有栽培。常见的品种有尖叶菠菜、圆叶菠菜和大叶菠菜等（图5-7）。冬、春季节上市，比较有名的品种有北京尖叶菠菜，广州铁线梗、绿圆叶，黑龙江双城尖叶等。

图 5-7　菠菜

菠菜主根发达、肉质呈赤红色、叶甜可食，其叶色绿鲜嫩，不适宜久煮。

菠菜营养丰富，含有丰富的维生素、矿物质和植物纤维，能促进人体新陈代谢，通肠导便，延缓衰老。

菠菜中还含有草酸，过多的草酸会影响人体对钙的吸收，并影响口味，因此，菠菜在加工前一般应先焯水。

菠菜在面点中主要用于制作馅心或取汁配色等。

5. 包菜

包菜又称为圆白菜、包心菜、牛心菜、卷心菜、洋白菜等，唐朝称为西土蓝。我国各地均有栽培，冬、春季节上市。包菜外形有圆、扁圆、鸡心等形状，叶肥脆嫩，外表呈绿色，内部为黄白色（图5-8）。

图5-8　包菜

包菜营养丰富，所含维生素C和磷、钙较多，特别是含有人体必需微量元素锰，对人体代谢有非常重要的作用，粗纤维含量高。

包菜在面点应用中主要用于制作馅心。

6．芹菜

芹菜又称香芹、药芹，有旱芹和水芹之分，是我国栽培历史比较悠久的蔬菜。我国各地均有栽培。

芹菜按外形可分为青芹、白芹和大棵芹；按其叶柄的组织结构又可分为空心芹菜、实心芹菜（图5-9）。

图5-9　芹菜

芹菜一般以绿色叶柄为主要食用部位，质感脆嫩，营养丰富；其叶也可食用，味稍苦，可用水浸泡或用开水稍焯一下，去其苦味，具有清热、止咳、健胃、利尿和提神健脑之功效。芹菜膳食纤维及矿物质铁、钙丰富，经常食用对缺铁性贫血及便秘有一定疗效，同时，芹菜还有降血压的作用。

水芹是一种多年生宿根草本，适于水田栽培，秋季种植，冬季或早春季成熟，以其嫩茎或叶柄为主要食用部分，主要产于长江中下游地区。

芹菜在面点应用中主要用于作馅心原料使用，如芹菜饺子。

7．韭菜

韭菜又称长生韭、山韭、扁菜、懒人菜、草钟乳、北阳草、起阳草等。原产于我国，现全国各地均有栽培，以其嫩叶和花茎、花、嫩籽为其食用部分。按食用部位不同，可分为叶韭、花韭、叶花兼用韭等，以叶韭产量最多（图5-10）。比较有名的品种有北京铁丝韭、天津卷毛韭、郑州韭、上海阔叶韭等。

图5-10　韭菜

韭菜耐寒，冬季可培育韭黄，韭黄是韭菜不见阳光发芽而培育的品种，清香鲜嫩。早春的韭菜质量最佳，夏季的韭薹也是不可多得的品种，韭菜花籽也是重要的烹饪原料。

韭菜质地鲜嫩、清香、营养丰富，因含有挥发性的硫化丙烯，因此具有辛辣味，有促进食欲的作用。韭菜含有大量的纤维素、维生素、矿物质及微量元素，具有健胃、提神、活血散瘀、补肾壮阳等功效。

韭菜是面点制作中非常重要的一种原料，可作各种饼类、饺类、包子的馅心。

8．苋菜

苋菜又称青苋菜、红苋菜、米苋等，耐热，我国南北方均有栽培，一般在春、夏、秋季栽培，叶为卵圆形、圆形或披针形，按叶片的颜色可分为绿苋菜、红苋菜、彩苋等，以深绿色质量最佳。比较有名的品种有上海的白米苋、广州的柳叶苋、南京的柏苋、重庆的大红苋等。以其叶及嫩茎为主要食用部分，质地鲜嫩多汁（图5-11）。

图 5-11　苋菜

苋菜营养丰富，富含维生素、矿物质，具有清热解毒、收敛止血、杀菌止痢、消炎去肿等功效。

苋菜在面点中常常作为馅心的原料来用，如制作苋菜馅饼，也可取其色素来给点心上色。

9．香菜

香菜又称芫荽、胡荽、莞荽、莚荽菜、香荽等。原产于中亚及地中海沿岸，现全国均有栽培，以华北地区种植最多，四季均有上市。其子茎细、色浓绿，柄细长而疏散，因香菜具有挥发性的芫荽油，有浓郁的芳香味（图5-12）。

图 5-12　香菜

香菜质鲜嫩，香气浓郁、色泽青绿，以生食居多，常作为调味品及装饰点缀材料。有去腥气、增食欲、健胃通便之功效。

香菜在面点制作中可作为调味料来使馅心增香，也可作为主要原料来调制馅心。

10．荠菜

荠菜又称护生草、菱角菜、香荠、荠青菜、地菜、粽子菜等。原产于我国，过去主要以野生为主，现已大量栽培，主要在春季上市，其叶片为羽状，有板叶和散叶之分（图5-13）。板叶荠菜叶浅绿色，大而厚，耐热，易抽薹，产量较多。上海地方品种为散叶荠菜，叶深绿，叶片薄，耐热，香气浓，味鲜，产量低。

图 5-13　荠菜

荠菜营养丰富，其营养价值比一般蔬菜高，有利尿、止血、消肿、清热和明目作用。

荠菜在面点制作中用途较广，主要用来制作馅心等。

11．生菜

生菜是叶用莴苣的俗称，春、秋季节上市较多，也称莴苣菜，原产于地中海沿岸，现全国均有栽培，以南方省份较多。生菜按叶片颜色可分为绿生菜、紫生菜两种；按叶的生长形态有散叶生菜、结球生菜两种。比较有名的品种有广州的东山生菜、登峰生菜，山东的皱叶结球生菜，北京的青白口结球生菜等。

图 5-14　生菜

生菜水分含量高，叶清脆爽口、鲜嫩、含热量低，主要生食，是西方蔬菜沙拉的主要原料。生菜具有清热、消炎、催眠、减肥等功效（图5-14）。

生菜在面点制作中可做馅心或作为装饰点缀的原料。

12．马兰

马兰又称马立头、鸡儿肠、田边菊、路边菊等。原产于亚洲南部和东部，在我国以江苏、安徽省采食较为普遍。春季山坡、路边野生居多，按茎的色泽可分为红梗马兰和青梗马兰，以其鲜嫩叶茎为主要食用部分，可加工干制（图5-15）。

图 5-15　马兰

马兰富含维生素、矿物质及挥发性油等，有清热解毒、凉血、利尿之功效。

马兰在面点中主要用于制作馅心。

13．蕨菜

蕨菜又称龙头菜、如意菜、蕨儿菜、拳头菜等，广泛分布在热带、亚热带及温带地区的山坡林中，我国各地均有分布，属野生蔬菜品种，以其幼嫩叶为主要食用部分。其根茎粗壮、富含淀粉，其嫩苗似拳卷曲，新鲜时风味独特（图5-16）。

图 5-16　蕨菜

蕨菜含有大量的纤维素、维生素和矿物质，具有清热解毒、安神利尿、降火化痰、滑肠通便之功效。

蕨菜可加工制作各种制品，在面点中主要用来制作馅心等。

14．萝卜

萝卜又称莱菔、芦菔。原产于我国，是我国栽培历史较为悠久的品种，萝卜的食用部分为其根部膨大的肉质根，水分含量大，质感爽脆，其形状有长、圆、扁圆、纺锤、圆锥等形状（图5-17）。其适应性强，产量高，成熟快，一年四季均有上市。

萝卜的品种很多，按季节可分为春萝卜、冬萝卜、水萝卜、四季萝卜等；按颜色可分为青萝卜、红萝卜、白萝卜等。比较有名的品种有北京心里美，成都春不老，杭州笕桥大红樱萝卜，南京五月红、杨花萝卜，上海小红萝卜，烟台红丁等。

图5-17　萝卜

萝卜富含维生素、碳水化合物和矿物质，还含有淀粉酶和芥籽油，因此，萝卜有助于消化，芥籽油是形成萝卜辛辣味的主要成分。萝卜是一种大众化蔬菜，可作水果生食，也可加工成各种制品，其营养丰富，有很好的食用价值，具有清热解毒、利尿、消食、化痰、止咳等功效。

萝卜在面点中食法多样，主要用于制作馅心，如萝卜丝饼等。

15．胡萝卜

胡萝卜又称丁香萝卜、红萝卜、黄萝卜等。原产于地中海地区，现我国各地均有栽培，秋、冬季节大量上市。

胡萝卜供食用的部分是肥嫩的肉质直根，其形状有圆锥形和圆槌形，颜色有红、黄、白、紫等（图5-18）。我国栽培最多的是红、黄、白三种，比较有名的品种有烟台胡萝卜、汕头红萝卜、安徽肥车黄萝卜、上海长江胡萝卜等。

图5-18　胡萝卜

胡萝卜肉质细密、质地脆嫩，有特殊的甜味，可生食，含有丰富的胡萝卜素、维生素C和B族维生素，有“小人参”之称，具有健脾和胃、补肝明目、清热解毒、壮阳补肾、降气止咳等功效。

胡萝卜生食、熟食均可，在面点制作中常用来制作点心的馅心，也是西餐中常用的原料。

16．山药

山药又称薯芋、薯药、长薯等。原产我国，现全国各地均有栽培。山药肉质块茎肥大，按其形状分有扁块形、长柱形、圆筒形三种类型；按颜色分有白色、浅紫色等；按其生长环境分有人工栽培和野生。比较有名的品种有黄岩薯药、台湾圆薯怀山药、河南武陟山药、山东济宁山药等（图5-19）。

山药肉质脆嫩、洁白、易折断、多黏液、富含膳食纤维和维生素等。自古以来山药就作为滋补原料食用，

图5-19　山药

有补益气、补脾胃、止泻等功效。

山药应用较多，在面点应用中主要制品为山药泥、馅心等。

17. 荸荠

荸荠又称地栗、马蹄、乌芋等，是一种多年生浅水性草本植物，原产于我国南部，目前长江流域以南各省均有栽培，以广西桂林、浙江、江苏苏州、福建福州为著名产地，冬、春季节上市。

图 5-20　荸荠

荸荠为扁圆形，表面平滑，枣红色或紫黑色，有环节红圈，顶部有鸟嘴状顶芽（图5-20）。其品种按其淀粉含量可分为水马蹄和红马蹄，前者富含淀粉、肉质粗，适宜加工淀粉，如高邮荸荠、广州水马蹄等；后者淀粉含量少、肉质甜嫩、渣少，适宜生食和加工成罐头食品。以个大、干净、新鲜、皮薄、味甜、爽脆无渣质量最好。

荸荠水分含量大、质地脆嫩、有“地下雪梨”之称，富含维生素，具有清热止渴、开胃、消食化痰等功效。

荸荠可生食作水果食用，也可作蔬菜食用，在面点制作中主要用于制作馅心。

18. 慈姑

慈姑又称茨菰。皮薄，色黄白或带紫。原产于我国，目前主要产于长江流域及长江以南各省，北方少有栽培。主要品种有苏州黄，梧州慈姑，南昌慈姑、沙姑、白慈姑等，以沙姑、白慈姑、苏州黄品质较佳，秋季上市（图5-21）。

图 5-21　慈姑

慈姑肉质致密，富含淀粉，可作粮食的代用品，具有清热解毒、止血、消毒、消炎散肿的功效。

慈姑在面点制作中用于制作馅心，也可制成泥做各种饼类。

19. 芋头

芋头又称芋艿、毛芋等。原产于印度，现我国各地均有栽培，以南方栽培较多，不耐旱，具有水生植物的特征，水田或旱地均可种植。芋头的形状有球形、卵形、块形；颜色为褐色或黄褐色（图5-22）。其品种较多，按母芋、子芋发达程度及子芋生长习性可分为魁芋类、多子芋类、多头芋类。比较有名的品种有宜宾串根芋，福建白面芋及糯米芋，广西荔浦芋，台湾槟榔芋，

图 5-22　芋头

上海白梗芋，广州白芽芋，长沙乌荷芋，广东火面芋，四川莲花芋等。

芋头营养丰富，含有大量的淀粉、矿物质和维生素，有益脾胃、调中气、消炎镇痛的功效。需要注意的是，芋头含有难消化的淀粉质和草酸钙结晶体，草酸钙具有苦味且会使皮肤过敏，但经烹煮后就会消失，生芋汁易引起局部过敏，可用姜汁擦拭或用火烤解之。生芋头有小毒，食用时必须熟透。

芋头食法多样，在面点制作中主要将芋头蒸煮熟，做成芋头泥。

20．藕

藕又称莲藕，水生植物，是荷的肥大根茎，长有节，中间有数个管状小孔，折断后有丝。原产于印度，现我国各地均有栽培。秋、冬季节上市较多（图5-23）。藕按上市季节可分为早藕、鲜藕和老藕；按用途可分为藕用种、莲籽用种和花用种；按孔的数量，可分为七孔藕和九孔藕，江浙地带多栽培七孔藕，此品种质地优良、品质佳。比较有名的品种有苏州花藕、杭州白花藕、宝莲贡藕、安徽雪湖贡藕等。

图5-23　藕

藕富含水分和淀粉，质地爽脆、肉质洁白，是重要的水生蔬菜之一，富含多种维生素和矿物质，有解渴、醒神、止血、开胃等功效。其叶、梗、花、果及果心均可食用或入药，且对人体有一定的药用疗效。

藕可生食，但多用于熟食，在面点制作中主要用于制作藕粉、团。

21．茭白

茭白又称茭笋、菰菜、菰笋、茭笋、水笋等。茭白是一种称为“菰”植物的病体产物，菰是一种谷物结的果实。菰米在结穗时如果抗病能力减弱染上黑粉病菌，花茎便不能再开花结果，花茎的基底部分因受病菌刺激便膨大，形成纺锤形的茭白，其病体产物对人类不但无害反而有益。原产于我国，长于浅水中，喜高温多湿，以长江以南省份栽培居多，春、秋季上市（图5-24）。颜色有白壳、青壳和赤壳三种，按季节有一熟茭、二熟茭。二熟茭一年可熟两次（春、秋季）。比较有名的品种有杭州一点红、常熟寒头茭、广州大苗茭、无锡刘潭茭、苏州小蜡台、杭州梭子茭等。

图5-24　茭白

茭白肉质爽脆柔滑，色泽洁白，微带甜味，富有营养，有清热解毒、催乳之功效。但茭白含草酸较高，影响人体对钙的吸收。茭白变老后，膳食纤维较多，食用价值降低。

茭白用途极广，在面点制作中常用来制作馅心。

22. 竹笋

竹笋又称笋，是竹类初生的肥嫩、短状的嫩茎，外形呈微锥形或圆筒形（图5-25）。竹笋原产于我国，种类众多，适应性强，分布极广，全国各地均有栽培，以长江流域和珠江流域最多，以冬、春季节最佳。有冬笋、春笋、鞭笋之分。冬笋是竹在冬季生于地下的嫩茎、色微黄、质脆味清鲜，质量最佳；春笋是竹在春季破土冒出的嫩芽，色黄、质嫩，质量较冬笋次之；鞭笋是竹在夏秋间横向生长的芽的幼嫩部分，色白、质嫩、微苦，质量较差。主要品种有竹笋、淡竹笋、毛竹笋、麻竹笋等。

图5-25 竹笋

竹笋肉质鲜嫩，用途极广，是上等的蔬菜品种之一。其营养丰富，有消渴利尿、清肺化痰、活血、消积等功效。但新鲜的竹笋草酸含量比较高，因此，应焯水后再食用。

竹笋在面点制作中主要用于制作馅心及各种荤料的配料，如各种水饺、包子的素馅心等。

23. 葱

葱是一种常见而且重要的蔬菜之一，不仅作蔬菜，而且还是调味品，属多年生草本植物，极耐寒冷，以叶和茎为其食用部分，全国各地均有栽培，一年四季均可上市（图5-26）。其品种有大葱、分葱之分。普通大葱数量最多，并有长葱白和短葱白之分，比较有名的品种有辽宁盖平大葱、北京高脚白大葱、山东莱芜鸡腿葱、河北对叶葱等。分葱辛辣味淡，以食葱叶为主。大葱按照生长时间的长短在北方地区又有羊角葱、地羊角葱、小葱、改良葱、水沟葱、青葱、老葱等品种。

图5-26 葱

葱含有挥发性油等有效成分，因而具有刺激的辛辣味，能解热祛痰、开胃健脾；其所含的大蒜素，有抗菌、抗病毒的作用；其所含的果酸等成分有抗癌的作用。

大葱在面点制作中用途极广，主要用来调制馅心，以增加香味。

24. 洋葱

洋葱又称葱头、胡葱、圆葱、玉葱等。原产于伊朗、阿富汗，目前我国各地均有栽培，四季均能生长，以秋季上市较多。

洋葱属鳞茎类，呈球形、扁球形和椭圆形，外皮的颜色有红皮、黄皮、白皮三种类型（图5-27）。比较有名的品种有北京紫皮洋葱、上海红皮洋葱、南京黄皮洋葱、新疆哈密白皮洋葱、西安红皮洋葱、东北黄玉洋葱等。以葱头肥大、外皮完整、无损伤、有光泽、不抽薹、辛辣味浓者为上品。

图5-27 洋葱

洋葱富含维生素、矿物质和挥发性油，具有刺激的辛辣味，其所含的硫化合物有杀菌作用，生物活性成分有利尿作用；洋葱油具有降血脂的作用；其矿物质钾和钠的比值较高，有扩张血管、降血压的作用；含有的甲磺丁脉有降血糖作用，微量元素硒有抗癌的作用。因此洋葱是一种集营养、医疗与保健于一身的特色蔬菜，有“菜中皇后”的美称。

洋葱用途广，是西餐制作中常用的原料，在中式点心中多是用来制作馅心。

25. 百合

百合属多年生草本植物，因其地下茎块由数十瓣鳞片相叠抱合，有百片合成之意而得名。百合是一种有较高营养保健价值的蔬菜，有极高的食用价值，含糖量高，膳食纤维少，肉质细腻，还含有其他有益成分（图5-28）。始栽于明万历三十三年（1605年），至今已有400多年的历史。各地均有种植，江苏宜兴（药百合）、甘肃兰州（甜百合）、湖南隆回、江西永丰（龙牙百合）为全国四大百合产地。百合具有清热解毒、补肺滋阴、润肺美容、止咳化痰、清心安神、止血止痛、止流泪及抗癌作用。

图5-28 百合

百合用途广，在中式点心中多是用来制作甜馅心。

26. 姜

姜也称生姜、黄姜等，多年生草本植物，食用部位为地下肉质根状茎（图5-29）。原产于我国及东南亚等热带地区，目前除东北、西北寒冷地区外均有栽培，以浙江、山东等省较多，秋季上市。比较有名的品种有玉溪黄姜、广东密轮细肉姜等。

图5-29 姜

姜按植株形态和生长习性可分为疏亩型和密亩型；按质地可分为老姜和嫩姜；按外皮颜色可分为白姜、紫姜、绿姜、黄姜等。老姜水分少，辛辣味浓，多用作调味品。嫩姜水分大，纤维少，辛辣味淡，可作为蔬菜使用，以无泥土、不烂、不瘪、不冻、形整为佳。

姜除含有维生素、矿物质等营养素外，还含有辣味的姜油酮、姜油醇等物质。除食用外也可入药，具有解毒、散寒、温胃、止呕、止咳、止泻等功效。

在面点制作中常用来作为馅心的调味，特别是在荤馅制作中可以起到去腥、解腻、增香的作用。

27. 辣椒

辣椒，又称大椒、辣子、海椒、辣虎、番椒、辣茄等。原产于南美洲的秘鲁，明代传入中国。主要分布在西北、西南、中南和华南各省，其他各地也有栽种。夏秋季节大量上市。辣椒品种繁多，按果形可分为长椒、灯笼椒、簇生椒、圆锥椒、樱桃椒五类，代表品种有陕西大角椒、长沙牛角椒、四川七星椒、广东仓平鸡心椒、成都扣子椒等（图5-30）。辣椒以维生素C含量为多，居各菜之首，辣椒还含有辣椒素，具有强烈的辛辣味，可以刺激食欲，增强消化。中医认为，辣椒有发汗、驱寒的功效。

图 5-30　辣椒

辣椒在面点制作中，主要用来配色和调味，也可作为馅心的辅助原料，如辣椒饼等。

28. 茄子

茄子，又称落苏、矮瓜、昆仑瓜等，以幼嫩的浆果供食用。原产于东南亚热带地区，目前全国各地均有种植，夏季大量应市。茄子品种繁多，按果形可分为长茄、矮茄和圆茄三种，主要品种有天津二敏茄、南京紫线茄、广东紫茄、成都墨茄、济南一窝猴、北京小圆茄等（图5-31）。茄子含有多种矿物元素和维生素，尤以钙、维生素E、维生素P含量较高，现代医学证明常食茄子对心血管疾病有一定的预防作用。以形状周正，无裂口，不锈皮，皮薄籽少，肉厚细嫩，老嫩适度者为佳。

图 5-31　茄子

茄子在面点制作中，主要作为馅心的辅助原料。

29. 豇豆

豇豆，又称豆角、长豇豆、长角豆、带豆等，以嫩荚及种子供食用。豇豆原产于非洲的埃塞俄比亚和亚洲的印度，北魏以前传入中国，目前全国各地均有种植，在豆类蔬菜中产量仅次于四季豆。夏秋季大量上市。豇豆根据荚果的颜色可分为青荚、白荚和红荚三种类型，主要品种有广东铁线青，浙江青豆角，四川五叶子，广西桂林白，上海、南京等地的紫豇豆，湖北的红鳝鱼骨等（图5-32）。豇豆富含蛋白质、碳水化合物、多种维生素和矿物质，中医认为豇

图 5-32　豇豆

豆具有健脾补肾作用，常食可防治高血压、动脉粥样硬化及水肿等症。以荚肉肥厚、质地脆嫩、粗细匀称、无虫蛀者为佳。

豇豆在面点制作中，可作为馅心的辅助原料。

30．豌豆

豌豆，又称寒豆、麦豆、青豆等，嫩荚、嫩豆可炒食，嫩苗是优质鲜菜。目前我国南北各地均有栽培。豌豆的栽培品种有粮用豌豆、菜用豌豆和软荚豌豆三类（图5-33）。菜用豌豆以江南各省种植较多。豌豆按豆荚结构分为硬荚和软荚豌豆两类，硬荚豌豆的豆荚不可食用，以种子（即青豆粒）供食，代表品种有解放豌豆、阿拉斯加豌豆等。软荚豌豆的豆荚纤维少，嫩荚可食用，代表品种有大荚豌豆、福州软荚等。豌豆营养丰富，含有较多的蛋白质、碳水化合物、多种维生素，以及钙、磷、铁等矿物质，对高血压和心脏病有一定的防治作用。品质以色泽浅绿、质地脆嫩、筋丝少者为佳；豌豆苗以色泽深绿、纤维感小者为佳。

图 5-33　豌豆

豌豆在面点制作中，特别是老豌豆可磨粉制作糕点、小吃、馅心等。

31．番茄

番茄，又称西红柿、洋茄子、洋柿子等，以幼嫩多汁的肉质浆果供食用。全国各地均有栽培，四季均有上市，以夏秋季产量最高。番茄按果形可分为圆球形、梨形、扁圆球形、椭圆形等；按果皮的颜色可分为红、粉红和黄色三种（图5-34）。代表品种有北京早红、青岛早红、武昌大红、长箕大红等。番茄营养丰富，含有较多的葡萄糖、蛋白质、有机酸、维生素及矿物质，具有促进食欲、帮助消化的作用，番茄还含有一定量的番茄碱，有轻度抑菌作用。品质以形状周正，无裂口，无挤压，无虫咬，肉肥厚，成熟适度，酸甜适口者为佳。

图 5-34　番茄

番茄在面点制作中，主要用作番茄酱，西点应用较多。

32．黄瓜

黄瓜，又称胡瓜、王瓜、青瓜等，我国各地均有栽培，一般初夏上市，也有秋熟品种，现在可利用温室栽培，故四季均有上市。黄瓜按外形不同，可分为刺黄瓜、鞭黄瓜和秋黄瓜三类；按分布区域及生态学性状可分为华北型、华南型、北欧温室型、欧美露地型、短小型五类。代表品种有山东祈泰密刺、北京大刺瓜、唐山秋瓜、昆明早黄瓜、广州二青、上海扬行、武汉青鱼胆、重庆大白、荷兰黄瓜、扬州乳黄瓜等。黄瓜富含糖分、维生素C、钙、铁、磷、钾、镁等营养成分，中医认为黄瓜对咽喉肿痛、火眼、烫伤等有一定辅助治疗作用，现代医学认为黄瓜还有减肥作用。品质以长短适中、粗细适度、皮薄、肉厚、瓤小、肉质脆嫩、味清香者为佳（图5-35）。

图 5-35 黄瓜

黄瓜在面点制作中，可以生食，也可以作为面点的馅心辅助原料。

33. 冬瓜

冬瓜，又称白瓜、枕瓜、水芝等，我国各地均有栽培，以我国台湾、广东产量最多，夏秋季供应上市。冬瓜一般多按其果实大小分为小果型冬瓜和大果型冬瓜两类，主要品种有北京一串铃、四川成都五叶子、南京一窝蜂、广东青皮冬瓜、湖南粉皮冬瓜、江西扬子州冬瓜、上海白皮冬瓜等（图5-36）。冬瓜含有一定量的维生素C，不含脂肪，是减肥健身的佳蔬。冬瓜中含矿物质钠较少，是心血管疾病患者的理想食品。品质以肉质结实、肉层厚、心室小、皮色青绿、形状周正、无损伤、皮不软者为佳。

图 5-36 冬瓜

冬瓜在面点制作中，可以作为面点的馅心辅助原料，或用来做蜜饯果脯，作为馅心原料。

34. 南瓜

南瓜，又称番瓜、倭瓜、饭瓜等。以果实供食用，现全国各地普遍栽培，夏秋季大量上市，南瓜按果实的形状分为圆南瓜和长南瓜两类，著名品种有湖北柿饼南瓜、甘肃磨盘南瓜、广东盆瓜、山东长南瓜、江苏牛腿番瓜等。含有多种维生素，尤以胡萝卜素含量为最，居瓜类蔬菜之冠。品质以皮薄肉厚、组织细密、风味甜美、无损伤、皮不软、不烂者为佳（图5-37）。

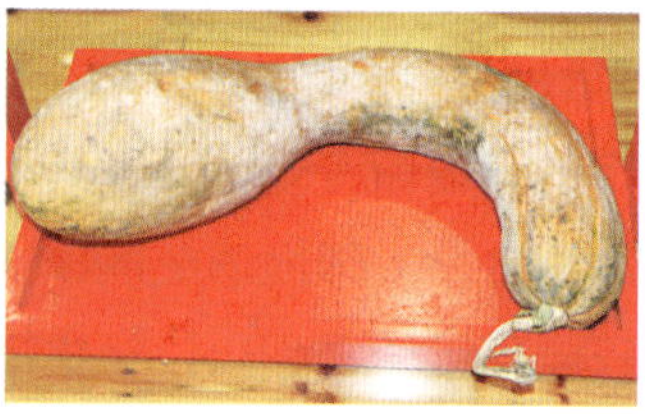

图 5-37 南瓜

南瓜既可以作为蔬菜食用，又能长期贮存代替粮食。在面点运用中，老南瓜可做南瓜泥，嫩南瓜可作馅心。

35. 丝瓜

丝瓜，又称绵瓜、蛮瓜、布瓜、絮瓜等，现全国大部分地区都有栽培，夏季收获，丝瓜老熟后纤维发达，不能食用。丝瓜分普通丝瓜和有棱丝瓜两种，代表品种有南京长丝瓜、湖南肉丝瓜、华南短度水瓜、广东青皮丝瓜、广东乌耳丝瓜以及长江流域的棱角丝瓜（图5-38）。丝瓜富含胡萝卜素和矿物质铁，还含有皂苷、

图 5-38 丝瓜

丝瓜苦味质、瓜氨酸等，有清火解热之功效。

丝瓜在面点运用中，可以作为馅心的辅料，也可作为汤点的原料。

36．瓠瓜

瓠瓜，又称扁蒲、瓠子、夜开花等，我国南北均有生产，为夏季重要蔬菜之一，著名品种有浙江早蒲、济南长蒲、江西南丰甜葫芦、台湾牛腿蒲等。瓠瓜含水分较多，但营养素含量不多，中医认为瓠瓜可用于治疗水肿腹胀、烦热口渴和疮毒等症。带有苦味的瓠瓜，食后易中毒，应弃之勿食。以个形周正、皮色绿白、肉色洁白、质地柔嫩、无损伤、水分含量足者为佳（图5-39）。

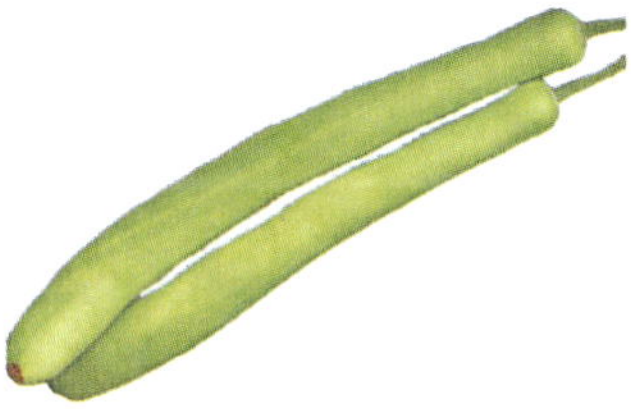

图5-39 瓠瓜

在面点制作中，可作馅心。

37．搅丝瓜

搅丝瓜，又称金丝瓜、粉丝瓜等，为葫芦科南瓜属一年生蔓性草本植物。金丝瓜原产于墨西哥，明朝时传入中国，现部分地区有栽培，主要产于上海崇明、江苏邳州、睢宁等地。金丝瓜以老熟瓜供食用，食用前剖开，除去瓜瓤，隔水蒸10分钟，冷却后用筷子搅动，可搅出黄色粗纤维状组织，如同粉丝（图5-40）。金丝瓜含多种微量元素和矿物质，特别是它含有一种普通瓜类所没有的葫芦巴碱，能调节人体代谢，具有减肥、抗癌防癌的药用功效。品质以果形小而周正，皮肉橘黄色，丝状物细致、脆爽，无损伤者为佳。

图5-40 搅丝瓜

在面点制作中，可作馅心。

38．雪里蕻

雪里蕻又称雪里红、雪菜、春不老等。我国各地均有栽培。按季节可分为冬菜和春菜。冬菜春节前上市，水分少、质嫩、品质佳。春菜清明后上市，水分多、产量高（图5-41）。新鲜的雪里蕻含有大量的芥子苷，因而具有浓郁的苦辣味，但用盐腌渍后，芥子苷会水解成具有特殊香味的芥子油。

图5-41 雪里蕻

雪里蕻常常与肉类原料配合制作成各种点心的馅心，如雪菜肉末包子。

39．鲜黄花菜

黄花菜，也称萱草、忘忧草、金针菜、萱草花、健脑菜、安神菜、绿葱、鹿葱花、萱萼等。萱草是百合科多年生草本植物，细长的枝顶端开出橘红或橘黄色的花，十分艳丽，它不仅供人观赏，花蕾叫金针，也可作蔬菜供人食用，一般在黄昏时，采摘饱满但没开花的花蕾（图5-42）。鲜黄花菜中含有秋水仙碱，有毒，经过肠胃道的吸收，在体内氧化为二秋水仙碱，具有较大的毒性。所以在食用鲜品时，每次不要多吃。由于鲜黄花菜的有毒成分在高温60℃时可减弱或消失，因此食用时，应先将鲜黄花菜用开水焯过，再用清水浸泡2个小时以上，捞出用水洗净后再进行炒食，这样秋水仙碱就能破坏掉，食用鲜黄花菜就安全了。

在面点制作中，可作馅心。

40．马齿苋

马齿苋，也称苋、五行草、长命菜、五方草、瓜子菜、麻绳菜等。一年生草本，茎平卧或斜倚，伏地铺散，多分枝，圆柱形，长10～15厘米淡绿色或带暗红色。叶互生，有时近对生，叶片扁平，肥厚，倒卵形，似马齿状，上面暗绿色，下面淡绿色或带暗红色；黑褐色，有光泽，中国南北各地均产（图5-43）。性喜肥沃土壤，耐旱亦耐涝，生命力强，生于菜园、农田、路旁，为田间常见杂草。广布全世界温带和热带地区。全草供药用，有清热利湿、解毒消肿、消炎、止渴、利尿作用；种子明目；还可作兽药和农药；嫩茎叶可作蔬菜，味酸，也是很好的饲料。

在面点制作中，马齿苋常常用来做馅心，或做汤点。

41．槐花

槐花，是洋槐树开的花，在我国北部，尤以黄土高原及华北平原最为常见，我国南北各地普遍栽培。有红色和白色两种，味道清香甘甜，槐花采摘后可以做汤、拌菜、焖饭，亦可做槐花糕、包饺子，日常生活中最常见的就是蒸槐花，此外，在制作粥、汤时也可加入槐花。槐花以个大、紧缩、色黄绿、无梗叶者为佳（图5-44）。槐花富含维生素和多种矿物质，同时还具有清热解毒、凉血润肺、降血压、预防中风、凉血止血、清肝泻火的功效。

在面点制作中，槐花常常用来做馅心，或做汤点。

图5-42　鲜黄花菜

图5-43　马齿苋

图5-44　槐花

项目三 蔬菜制品与应用

项目驱动

本项目主要是学习常见蔬菜制品原料品种及其面点运用，通过教师的讲授、演示、实物（图片）的展示，学生能够掌握常见蔬菜制品原料在面点中的运用。

知识链接

蔬菜制品，是指对新鲜蔬菜进行加工处理后得到的成品或半成品。有干制品、腌制品、糖制品等。

1．金针菜

金针菜是将鲜黄花的花蕾采摘后经晾晒或烘干而成的干品。黄花菜原产于亚洲和欧洲，我国黄花菜产地较广，主要产于河南、河北、山东、湖南、山西、江苏、四川等省，其中以湖南、山西、江苏产量最多，质量也最好。质量以色黄有光泽、味香、条长肥壮、干燥者为佳（图5-45）。每年6～9月采收上市，干品常年有供应。代表品种有湖南茶子龙黄花菜、山西大同黄花菜、河南三刀菜等。

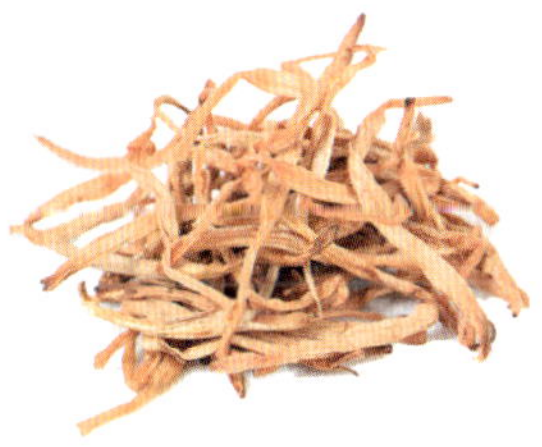
图 5-45　金针菜

黄花菜含有胡萝卜素、核黄素、铁、磷、钙等营养物质，食用价值高，但应注意的是新鲜黄花菜含有秋水仙碱，食用时要煮透，或烹调前用热水浸泡数小时，以除去秋水仙碱，否则秋水仙碱在体内易被氧化产生二秋水仙碱，易导致食物中毒。

面点运用：常常与肉类原料配合制作成各种点心的馅心。

2．玉兰片

玉兰片是以鲜嫩的冬笋或春笋为原料，经加工干制而成，因形如玉兰花，色白如玉，故称玉兰片。玉兰片主要产于福建、湖南、江西、浙江等地。按采收时间不同可分为冬片、桃片和春片，以冬片最好。品质以色泽玉白、无霉点或黑斑、片小肉厚、节密、质地坚脆鲜嫩、无杂质者为佳（图5-46）。

图 5-46　玉兰片

玉兰片富含蛋白质、维生素、钙、磷、铁等营养成分，还含有大量纤维素，味鲜美，质脆嫩。

面点运用：常常与肉类原料配合制作成各种点心的馅心。

3. 苔干

苔干，也称为贡菜，是用秋莴苣加工干制而成的制品。我国主要产于江苏睢宁、邳州，安徽涡县等地。苔干具有色泽碧绿，鲜美清香，脆嫩爽口等特点。以根条均匀、无霉烂、色泽碧绿、干燥者为佳（图5-47）。

图 5-47　苔干

苔干含有丰富的蛋白质、维生素、果胶、钙、磷、铁等成分，维生素E含量较高，故有“天然保健品，植物营养素”之称。

面点运用：常常与肉类原料配合制作成各种点心的馅心。

4. 梅干菜

梅干菜又称咸干菜、霉干菜，是用鲜雪里蕻腌制而成。主要产于浙江绍兴、慈溪、余姚等地。质量以色泽黄亮或黑褐、菜细嫩、圆心、咸淡适度、香气正常、身干、无杂质、无硬梗者为佳（图5-48）。

图 5-48　梅干菜

面点运用：常常与肉类原料配合制作成各种点心的馅心。

项目四

常见的食用菌藻品种与应用

项目驱动

本项目主要是学习食用菌藻类原料的品种及其面点运用，通过教师的讲授、演示、实物（图片）的展示，要求掌握食用菌藻类原料在面点中的运用。

知识链接

食用菌是可供人类食用的大型真菌，具体地说，食用菌是可供食用的蕈菌。蕈菌，是指能形成大型的肉质（或胶质）子实体或菌核类组织，并能供人们食用或药用的一类大型真菌，通称为蘑菇。中国已知的食用菌有350多种，其中多属担子菌亚门，常见的有香菇、草菇、蘑菇、木耳、银耳、猴头菇、竹荪、松茸、口蘑、红菇、灵芝、虫草、松露、白灵菇和牛肝菌等；少数属于子囊菌亚门，其中有羊肚菌、马鞍菌、块菌等。上述真菌分别生长在不同的地区、不同的生态环境中。

藻类分布的范围极广，对环境条件要求不严，适应性较强，在只有极低的营养浓度、极微弱的光照强度和相当低的温度下也能生活。不仅能生长在江河、溪流、湖泊和海洋中，而且也能生长在短暂积水或潮湿的地方。常见的食用藻类主要有海带、紫菜、地耳、裙带菜等。

1. 木耳

木耳，又称黑木耳、云耳、黑菜，属木耳科木耳属。我国主要产于东北、华中和西南各省，通常加工成干制品应市，常年供应。质量以色泽乌黑光润、朵大均匀、体轻干燥、无杂质、无僵块、无小耳、味清香、涨发率高者为佳（图5-49）。黑木耳按季节可分为春耳、

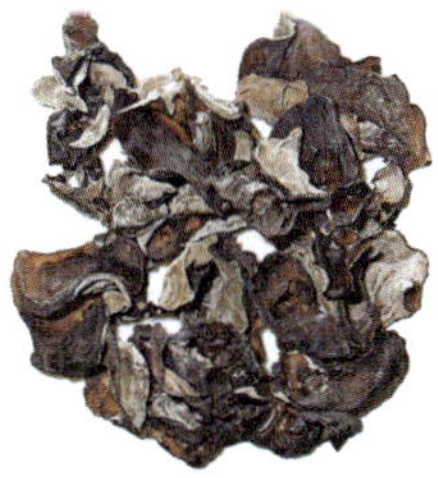

图 5-49 黑木耳

伏耳、秋耳三种，以春耳为最好。按形状特征可分为粗木耳和细木耳两种，细木耳体质轻，耳质细腻，入口柔糯，品质优良。

木耳含有较多的蛋白质、碳水化合物及钙、磷、铁等矿物质，有润肺补气、补血强精、清涤肠胃的作用，被称为“素中之荤”，是一种营养较多的原料。

面点运用：制作成各种点心的馅心。

2．银耳

银耳又称白木耳，属银耳科银耳属。我国许多地区均有栽培，以福建产量最多，品质最优，通常加工成干制品应市，著名的品种有四川通江银耳、福建漳州雪耳等。质量以朵大肉厚、色泽黄白、味清香、底板小、干燥、涨发率高、胶质重者为佳（图5-50）。

图5-50 银耳

银耳含蛋白质、脂肪、碳水化合物、膳食纤维和多种维生素、矿物质，营养丰富，具有补脾开胃、益气清肠、安眠健胃、补脑、养阴清热、润燥的功效，被誉为“菌中之冠”，历代皇家显贵都将银耳看作“延年益寿之品，长生不老之药”。

面点运用：制作成各种点心的馅心，或制作甜点。

3．香菇

香菇又称香菌、香蕈，为白蘑科香菇属。香菇子实体呈伞状，菌盖表面淡褐色或紫褐色，菌肉色白质厚，菌褶白色，菌柄白色，中生至偏生。香菇按生长季节可分为春菇、秋菇和冬菇；按品质可分为花菇、厚菇、薄菇和菇丁，其中以花菇质量最优。我国自古就有半人工栽培，现已发展为全人工栽培。主要产于福建、浙江、安徽、江西、贵州等地，通常以干品应市。

质量以子实体完整、大小均匀、色泽正、味香浓、肉质厚、菌褶白、菌柄短而粗壮、干燥、无杂质、表面有白霜者为佳（图5-51）。

图5-51 香菇

香菇是一种高蛋白、低脂肪的健康食品，富含18种氨基酸，人体所必需的8种氨基酸中，香菇含有7种，且活性高，易被人体吸收；香菇含有多种酶，能抑制胆固醇升高并能降血压；香菇中含有的干扰素诱制剂能抑制病毒的繁殖；香菇多糖能提高机体的抑癌功能；香菇中含有的角固醇可防治佝偻病和贫血；此外香菇中还含有钙、磷、铁等矿物质，营养丰富，有“食用菌皇后”的美称。

面点运用：是制作各种点心的馅心的主要原料。

4．猴头菇

猴头菇又称猴头菌、猴头蘑，属齿菌科猴头菌属，是一种珍贵食用菌。子实体肉质呈块状，基部狭窄，白色，干燥后浅黄色，常悬于树干上，布满针状菌刺，形似猴头，因而得名。在我国主要产于东北、华北和西南地区，以黑龙江大小兴安岭所产的最为著名，现已有人工栽培。质量以个体大、形状完整、色泽浅黄、干燥、无杂质、无虫蛀、菌刺完整者为佳（图5–52）。

图 5–52　猴头菇

猴头菌营养丰富，富含蛋白质，氨基酸种类较为齐全，8种人体必需氨基酸中除异亮氨酸外，其他均有；此外含有的多糖、多肽对胃肠道疾病有较好的疗效，并有防癌抗癌的作用，常食可以治疗神经衰弱。

面点运用：制作成各种点心的馅心。

5．口蘑

口蘑又称白蘑，为白蘑科白蘑属，子实体菌盖平展，扁圆稍内卷，色泽淡黄，菌肉白色，厚而致密，菌柄粗壮，通常以干制品应市。口蘑主要产于内蒙古草原和河北坝上等地，有“草原明珠”之称，因其集散地在张家口，故统称口蘑。按当地商品分类可分为白蘑、青蘑、黑蘑、杂蘑四档，白蘑为上品。主要品种有蒙古口蘑、香杏口蘑、雷蘑等。质量以个体均匀、肉质厚、不破碎、菌柄短壮、干燥、无虫蛀、无杂质者为佳（图5–53）。

图 5–53　口蘑

口蘑含蛋白质、氨基酸、烟酸、磷、铁等营养成分；还含有口蘑氨酸、鹅膏氨酸和鸟苷酸等呈鲜成分；富含微量元素硒，是良好的补硒食品，含有大量植物纤维，具有促进排毒的作用。

面点运用：制作成各种点心的馅心，也是西点中常用的原料。

6．草菇

草菇，又称兰花菇、苞脚菇。300年前我国已开始人工栽培，是一种重要的热带、亚热带菇类，因生长在潮湿腐烂的稻草中而得名，我国草菇产量居世界之首，主要分布于华南地区，多产于我国台湾、广东、广西、福建、江西。草菇营养丰富，味道鲜美，肥大肉厚，柄短爽滑，是世界上第三大栽培食用菌（图5–54）。富含粗蛋白、维生素C，蛋白质，含18种氨基酸，其中必需氨基酸占40.47%～44.47%。此外，还含有磷、钾、钙等多种矿物质元素。草菇还能

图 5–54　草菇

消食祛热，补脾益气，清暑热，滋阴壮阳，增加乳汁，防止坏血病，促进创伤愈合，护肝健胃，增强人体免疫力，是优良的食药兼用型的营养保健食品。

面点运用：制作成各种点心的馅心，也是制作汤点的原料。

7．鸡腿菇

鸡腿菇，又称毛头鬼伞，因其形如鸡腿，肉质肉味似鸡丝而得名，是近年来人工开发的具有商业潜力的珍稀菌品，被誉为“菌中新秀”（图5-55）。近年来，美国、荷兰、法国、德国、意大利、日本相继栽培鸡腿菇成功，鲜菇、干菇（切片菇）、罐头菇均受欢迎。鸡腿菇是一种药用菌，有益脾胃、清心安神、治痔等功效。经常食用有助消化、增加食欲和治疗痔疮的作用。由于鸡腿菇集营养、保健、食疗于一身，具有高蛋白、低脂肪的优良特性。且色香味形俱佳。菇体洁白，美观，肉质细腻。炒食、炖食、煲汤均久煮不烂，口感滑嫩，清香味美，常食用有助于增进食欲、促进消化、增强人体免疫力，因而备受消费者青睐。

图 5-55 鸡腿菇

面点运用：制作成各种点心的馅心，也是制作汤点的原料。

8．平菇

平菇，又名侧耳、糙皮侧耳、蚝菇、黑牡丹菇，也称北风菌、蚝菌、杂蘑，我国台湾称秀珍菇（图5-56）。平菇是种相当常见的灰色食用菇，富含蛋白质、脂肪、碳水化合物、多糖类、D-甘露醇、D-山梨醇、纤维素、维生素B_1、维生素B_2、维生素C和烟酸、钙、磷、铁等；含18种氨基酸，包括人体必需的8种氨基酸。具有追风散寒、舒筋活络的功效。对癌细胞有很强的抑制作用，能增强机体免疫功能。

图 5-56 平菇

面点运用：制作成各种点心的馅心，也是制作汤点的原料。

9．松茸

松茸，学名松口蘑，别名松蕈、合菌、台菌，隶属担子菌亚门、口蘑科，是松栎等树木外生的菌根真菌，因该菌生于松林下，菌蕾如鹿茸，故名松茸。松茸是世界上珍稀名贵的天然药用菌，在我国是二级濒危保护物种。松茸是一种纯天然的珍稀名贵食用菌类，有特别的浓香，口感如鲍鱼，极润滑爽口，被誉为“菌中之王”（图5-57）。松茸在8月上旬到10月中旬采集。松茸的主

图 5-57 松茸

要营养元素包括18种氨基酸、14种人体必需微量元素、49种活性营养物质、5种不饱和脂肪酸、8种维生素、2种糖蛋白、丰富的膳食纤维和多种活性酶，另含有3种珍贵的活性物质，因营养均衡、含量丰富，在国际上有天然营养宝库的美誉。松茸具有提高免疫力、抗癌抗肿瘤、治疗糖尿病及心血管疾病、抗衰老养颜、促肠胃保肝脏等多种功效。

面点运用：制作成各种点心的馅心，也是制作汤点的原料。

10．白灵菇

白灵菇又名翅鲍菇、百灵芝菇、克什米尔神菇、阿魏蘑、阿威侧耳、阿魏菇、雪山灵芝、鲍鱼菇。其菇体色泽洁白、肉质细腻、味道鲜美，以形似灵芝而得名，具有较高的食用价值，被誉为“草原上的牛肝菌”，颇受消费者的青睐（图5-58）。白灵菇营养丰富，据科学测定，干菇的蛋白质含量为20%，含有17种氨基酸，多种维生素和矿物质，有消积、杀虫、镇咳、消炎和防治妇科肿瘤等功效；它含有真菌多糖和维生素等生理活性物质，具有调节人体生理平衡，增强人体免疫功能的作用。白灵菇是一种食用和药用价值都很高的珍稀食用菌。

图5-58　白灵菇

面点运用：制作成各种点心的馅心，也是制作汤点的原料。

11．松露

松露，又称猪拱菌、拱菌、无根藤果，是一种多生长在松树、栎树、橡树下的一年生天然真菌类植物（图5-59）。松露是一种蕈类的总称，气味特殊，大约有10种不同的品种，通常是一年生的真菌，多数在阔叶树的根部着丝生长，分布在意大利、法国、西班牙、中国、新西兰等国家。松露对生长环境的要求极其苛刻，且无法人工培育，产量稀少，导致了它的珍稀昂贵。因此欧洲人将松露与鱼子酱、鹅肝并列“世界三大珍肴”。松露含有丰富的蛋白质、氨基酸等营养物质。

图5-59　松露

在众多种类中，法国产的黑松露与意大利产的白松露应用广泛。白松露一般生食，磨碎后撒在意大利面或煎蛋上，可以切成薄片加在肉里一同烤制，或用来烤鹅肝，有些奶酪中也添加了白松露。黑松露的味道没有白松露那么浓烈，可以做松露盐或松露蜂蜜。过去松露要去皮，现在多采用研磨避免浪费。法国黑松露产量占全球第二，仅次于意大利白松露。这种生长在橡树根部下的天然蕈种，对阳光、水量、土壤酸碱值要求相当严格。

面点运用：是制作汤点的原料，西餐应用较多。

12. 金针菇

金针菇又称毛柄金钱菌、朴菇，为口蘑科小火焰菌属的一种。金针菇主要分布于亚洲、欧洲和北美洲，日本产量最多，中国次之。我国金针菇主要产于河北、山西、内蒙古、黑龙江、吉林、江苏、浙江等地。按其颜色可分为白色、黄色两种，白色金针菇质量较好（图5-60）。

图 5-60 金针菇

金针菇富含人体必需的氨基酸，尤以赖氨酸和精氨酸的含量较高，并含有多糖，对儿童的智力发育有益处，常食金针菇，还可以防病抗癌。

金针菇的品质以色泽明亮、菌体粗细均匀、菌盖紧密、质地脆嫩、菌柄不老、无泥沙、无杂质、无霉变者为佳。

金针菇适用于多种烹调方法，在面点运用中，主要用来做馅。

13. 海带

海带，海藻类植物之一，是一种在低温海水中生长的大型海生褐藻植物，藻体褐色，长带状，革质，一般长2～6米，宽20～30厘米。因其生长在海水中，柔韧似带而得名（图5-61）。我国在山东、辽宁、浙江、福建、广东沿海产海带或人工养殖。夏秋季采收，一般晒干备用。海带是一种营养价值很高的蔬菜，同时具有一定的药用价值。海带的烹调方法很多，如海带炖排骨、海带烧肉、肉丝海带、海带汤、凉拌海带丝等。海带是一种营养价值很高的蔬菜，富含有较多的碘质、钙质，有治疗甲状腺肿大之功效。具有软坚、散结、消炎、平喘、通行利水、祛脂降压等功效。

图 5-61 海带

面点运用：主要是制作汤点的原料，也可作为点心的皮料。

14. 紫菜

紫菜生长在海中石头上，纯青色，取来晒干后则变成紫色，属海产红藻。形状随种类而异，种类多，主要有条斑紫菜、坛紫菜、甘紫菜等。紫菜有点像韭菜，长成后可以反复地采割，第一割的叫第一水，第二割的叫第二水，依次类推，其中第一水的紫菜也叫初水海苔，特别细嫩，质量最好，营养也比较丰富，被称为“海洋蔬菜”（图5-62）。人工栽培种类有条斑紫菜和坛紫菜，条斑紫菜生长于江苏省沿海，南通和连云港是主要产

图 5-62 紫菜

地，坛紫菜生长在浙江、福建沿海，生长地域较条斑紫菜为广，主要用于烧汤吃。紫菜具有降血脂、抗肿瘤、延缓衰老、抗辐射、抗白细胞数降低、降血糖、抗肝损伤等作用。

面点运用：主要是制作汤点的原料，也可作为点心的皮料。

15．地耳

图5-63 地耳

地耳，学名叫“普通念珠藻”，又称地软、地木耳、地皮菜、野木耳、地见皮、地钱、岩衣，也有人称作天仙菜、绿菜等。生长在地上，适应性很强，形状如木耳。春夏在雨中生长，雨后应及时采取，因为它一见阳光就不能食用了。新鲜地耳呈墨绿或褐色，片状松软，风干后呈乌黑色、卷状（图5-63）。地耳色味形俱佳，口感甚佳，似木耳之脆，但比木耳更嫩；如粉皮之软，但比粉皮为脆，润而不滞，滑而不腻，有一种特有的爽适感。地耳食用方法很多，可炒食、凉拌、熘、烩、做羹等。著名的陕西四色包子，就是用猪肉、大油、白糖和地耳四种佐料做馅。历来与天津狗不理包子、上海水煎包、扬州蟹黄包子齐名的陕西地软包子里面的馅，就是以地耳为主料，配以豆腐、大葱、香油、姜末、花椒及盐、味精做成的。陕西传统名菜醪糟醅烩葛仙米，就是用地耳与醪糟醅烩成的，它曾是筵席上不可缺少的佳肴。地耳富含蛋白质、碳水化合物、矿物质、维生素、蓝藻素及钙、磷、铁等各种营养成分。

面点运用：制作成各种点心的馅心，也是制作汤点的原料。

思考题

1. 蔬菜中的营养成分有哪些?
2. 蔬菜的分类有哪些?
3. 蔬菜的种类和应用有哪些?

模块 6

蛋、乳及其制品

▷ 模块导读

对于蛋、乳原料及其制品的选择与加工，有些学生虽没有实际操作经历，但对于其种类与加工方法略有所闻、所见。通过本模块的学习，学生能够认知常用的蛋、乳原料及其制品特点，并能正确地指导烹饪运用。

▷ 学习目标

1. 掌握蛋、乳原料及其制品的种类
2. 掌握各种蛋、乳原料及其制品品质特点、产地、产季

项目一 蛋、乳的营养成分及其应用

项目驱动

本项目主要是学习蛋、乳品原料的基本知识，通过教师的讲授、实物（图片）展示，学生能够掌握蛋、乳品原料的营养成分，从而掌握蛋、乳品原料在面点中的应用。

知识链接

一、蛋、乳品的营养成分

1．蛋的营养成分

蛋的营养成分相当丰富，它包含了一个生命形成所需的所有营养物质，且易被人体消化吸收。

蛋由蛋壳、蛋白和蛋黄三部分构成。蛋白和蛋黄在成分上有显著的不同，蛋黄内营养成分的含量和种类比蛋白多，所以蛋黄的营养价值高。

（1）蛋白质　蛋含有多种蛋白质，最主要和最多的是蛋白中的卵白蛋白和蛋黄中的卵黄磷蛋白。蛋类蛋白中富有必需氨基酸，是完全蛋白质，利用率为98%。

（2）脂肪　蛋中的脂肪绝大部分集中在蛋黄内，含有大量的磷脂，其中约有一半是卵磷脂，这些成分对人体的脑及神经组织发育有重大作用。蛋黄的脂肪主要由不饱和脂肪酸所构成，在常温下为液体，易于消化吸收，消化率为95%。

（3）矿物质　蛋中的矿物质主要含于蛋黄内，铁、磷、钙的含量甚高，也易被人体吸收利用。

（4）维生素　蛋黄中有丰富的维生素A、维生素D、维生素E、核黄素、硫胺素等，绝大部分在蛋黄内。蛋白中的维生素和烟酸较多，其他较少。

（5）碳水化合物　蛋中碳水化合物的含量很少，一般含量为2%～4%，其中鸭蛋中可达10%以上。

（6）水分　蛋中的含水量可达70%，但分布不均匀，蛋白的含水量较高，可占整个蛋白的88%以上，在蛋黄中则占53%左右。

2．乳的营养成分

乳是哺乳动物从乳腺中分泌的一种白色或稍带黄色的不透明液体。

下面以牛乳为例介绍乳的化学成分。

（1）蛋白质　牛乳中蛋白质的含量为3.4%左右。含有三种主要的蛋白质，其中酪蛋白的含量最多，占总蛋白量的83%左右；乳白蛋白占总蛋白的13%左右；乳球蛋白占总蛋白的4%左右，它们均含有人体所需的全部氨基酸。

（2）脂肪　牛乳中的脂肪以球状基乳浊液分散在乳中，一般在3%～5%，肉眼看不见。乳脂的组成以甘油三酯为主，约99%；同时含一定量的磷脂，约1%。脂肪酸主要是低熔点的油酸，此外还含有亚油酸等必需脂肪酸和低碳脂肪酸。乳脂肪不仅与牛乳的口味有关，同时也是稀牛乳、奶油、全脂乳粉及干酪的主要成分。

（3）碳水化合物　乳糖是乳中最主要的碳水化合物，是哺乳动物乳腺特有的产物，在动物的其他器官和组织中不存在。乳糖是一种双糖，甜度约是蔗糖的五分之一，约占牛乳的4.5%，占干物质的38%左右，水解时生成葡萄糖和半乳糖。

（4）矿物质　牛乳中的矿物质含量为0.7%左右，有磷、钙、镁、氯、钠、铁、硫等。牛乳中的矿物质大部分与有机酸结合，以可溶性盐类形式存在。其中，最主要的以无机磷酸盐及有机柠檬酸盐的状态存在。钙、镁、磷除了一部分呈游离状态外，一部分则以悬浊状分散在乳中，此外，还有一部分与蛋白质结合。

（5）维生素　牛乳中含有人体营养所必需的各种维生素。维生素含量因饲养条件、季节等而有差异，在青饲料多的季节，乳中维生素A和维生素C含量高，在夏季，日光照射得多，维生素D的含量较高。一般每升牛乳中含维生素A 0.4～4.5毫克、维生素D 0.1～2.5毫克、维生素E 2～3毫克、维生素B_1约0.3毫克、维生素B_2 1～2毫克、维生素C 1～4毫克。

（6）水　牛乳中主要组成部分是水分，占80%以上，水分内溶解有有机物、矿物质、气体等。

二、蛋、乳的烹饪应用

1．禽蛋在烹饪中的应用

（1）禽蛋可作为主料，单独成菜　如炒鸡蛋、炖鸡蛋等。

（2）禽蛋可作为配料，用于各种造型菜　如将蛋白、蛋黄分别蒸熟后制成蛋白糕、蛋黄糕，通过刀工或模具造型后，广泛用于各种造型菜式中，起到配色、配形的作用。

（3）禽蛋可作为糨糊原料　如蛋清浆、全蛋糊、蛋黄糊、蛋泡糊等。

（4）禽蛋可作为黏合料　用于制作各式丸菜、糕菜及各类蓉、泥、胶的黏合原料。

（5）禽蛋可作为调味料　如用蛋黄可制成沙拉酱用于调制各种原料。

（6）禽蛋可以用于制作各种小吃、糕点　如金丝面、银丝面、蛋糕、蛋烘糕等。

2．乳在烹饪中的应用

（1）制作菜肴的主要原料　烹饪中常用牛乳代替汤汁成菜，如牛奶白菜、奶油菜心等，特点是奶香味浓、清淡爽口，但在选料时应注意选择清淡、无异味的原料。将牛乳加鸡蛋清搅匀加热后成形，如炒鲜奶；在虾蓉、鱼蓉中加牛乳搅拌容易上劲，如西施虾条，也可用牛乳制成甜菜，如甜羹。

（2）制作面点原料　用牛乳和面可制作多种面点。因牛乳具有乳化性和发泡性，可促进面团中水与油的乳化，改善面团的胶体性能，提高面团的筋力，可改善面团的质构。使面团发泡柔软，而且牛乳含有呈香味的成分（如低分子质量的脂肪酸），可增加乳香味。

（3）制作小吃原料　牛乳中的酪蛋白遇酸可凝固，因此可制作多种小吃，如广东小吃双皮奶、北京的扣碗酪、云南少数民族的乳扇、牧区牧民们常食用的奶豆以及各地食用的酸奶等。

（4）作为酿酒原料　因为乳中含有大量的乳糖，可以用以发酵酿酒，如少数民族的马奶酒。

项目二 蛋、乳的种类与应用

项目驱动

本项目主要是学习蛋、乳品原料的种类及其特点的相关知识，通过教师的讲授、实物（图片）展示，学生能够掌握各种蛋、乳品原料的营养、特点及其在面点中的应用。

知识链接

一、蛋的种类

1．鸡蛋

鸡蛋是雌鸡的卵，呈椭圆形，一般呈浅白色和棕红色。表面有似白色的霜，每只重量约50克（图6–1）。鸡蛋是蛋类中营养价值较高的一种。一般含有蛋白质15%、脂肪12%、碳水化合物1.6%、矿物质1.1%，维生素含量也比其他蛋高，尤其是维生素A可达4.3毫克，多存于蛋黄中。

图6–1 鸡蛋

鸡蛋是面点中最常用的原料，常用作馅心、包皮、配色、黏合剂等。

2．鸭蛋

鸭蛋是雌鸭排出的卵，呈椭圆形，个体较大，每只重量可达70～90克，表面较光滑（图6–2）。鸭蛋有白色和青灰色两种，蛋白质、脂肪含量分别为8.7%、9.8%，低于鸡蛋，但碳水化合物含量较高，可达10%，矿物质、维生素A含量也高于鸡蛋。鸭蛋适宜加工咸蛋、变蛋等制品。

图6–2 鸭蛋

3．鹅蛋

鹅蛋是雌鹅排出的卵，呈椭圆形，个体很大，每只重量可达80克（图6–3）。表面光滑，呈白色，其蛋白质含量约为12.3%，脂肪和碳水化合物的含量比其他蛋高，分别为14%、3.7%，矿物质含量在1%左右，维生素含量较其他蛋少。

4．鸽蛋

鸽蛋是雌性鸽排出的卵，呈椭圆形、个体小，每只重15克左右（图6–4）。鸽蛋通常为白色，壳薄易碎，含水量很高，在80%以上，含蛋白质9.5%、脂肪6.4%、碳水化合物1.7%，营养价值较高。

5．鹌鹑蛋

鹌鹑蛋是人工驯养的雌性鹌鹑排出的卵，接近圆形，个体很小，一般每只重量3～4克，表面有棕褐色斑点，壳薄易碎（图6–5）。鹌鹑蛋含水量在73%左右，蛋白质、脂肪含量均较高，是一种营养价值较高的蛋类品种。

图6-3　鹅蛋

图6-4　鸽蛋

图6-5　鹌鹑蛋

二、乳的种类

畜乳的种类以不同畜兽所产乳而不同，人类对畜兽乳的利用，除牛乳外，还有羊乳、马乳、鹿乳等。常见的品种如下。

1．牛乳

牛乳通常称作牛奶，是乳牛从乳腺中分泌出的奶液，一般呈白色（乳白色）或稍带黄色的不透明液体，有特定的乳香味（图6–6）。牛乳中含有丰富的脂肪、蛋白质、碳水化合物，还含有多种维生素和矿物质。牛乳营养价值很高，是常用饮料之一，在欧洲、北美居民的膳食中，牛乳占较大的比重。在面点制作中常用到牛乳，是馅心和皮料的原料。

图6-6　牛乳

2. 羊乳

羊乳的营养价值比牛乳高，含水分6.3%、蛋白质3.7%、脂肪4.1%、乳糖4.6%（图6–7）。但羊乳因低分子质量脂肪酸的含量高，具较浓的膻味，不常被面点使用。

图6–7 羊乳

三、蛋、乳制品

（一）蛋制品

1. 松花蛋

松花蛋又名皮蛋、彩蛋、变蛋。它不但有美丽的花纹，还具有醇厚的特殊清香，是一种非常好的面点原料，比如用于制作皮蛋瘦肉粥（图6–8）。

图6–8 松花蛋

2. 咸蛋

咸蛋又称腌蛋。用鸭蛋或鸡蛋腌制而成，以鸭蛋腌出的为好，因为鸭蛋的脂肪含量比鸡蛋高（图6–9）。质量好的咸蛋，蛋白为纯白色，无斑点、质嫩；蛋黄为红黄色，油多。咸蛋的咸淡适中，无异味，是面点中很好的馅心原料，比如广式莲蓉蛋黄月饼、蛋黄酥等制品都是用咸蛋制成的。

图6–9 咸鸭蛋

（二）乳制品

以牛乳为原料，通过多种加工方法，可制成以下几个品种。

1. 奶油

奶油是由牛乳脂肪中加工提炼出来的。乳中脂肪几乎全部为分散的小脂肪球。经使用乳油分离等机械，从牛乳中分离出稀奶油进行专门加工处理，即成奶油（图6–10）。

在欧洲、美洲等地区，奶油是一种食用量较大的食品原料。奶油营养丰富，富含脂肪，食用方法多样，可涂在面包等食物上佐餐，也可与其他原料一起冲兑饮料，还可用其制作奶油蛋糕等很多面点制品。

图6–10 奶油

2．乳粉

乳粉是将鲜牛乳加热，使内部水分蒸发后制成的干粉，有全脂、半脂和脱脂之分，是婴幼儿的良好食品，营养丰富，营养成分接近于鲜牛乳，便于消化吸收（图6–11）。在面点中常用于制作面皮及甜馅馅心的原料。

3．炼乳

炼乳是将牛乳加热浓缩提纯制成的，营养丰富，是消毒后在真空蒸发器中浓缩、装罐、杀菌而成（图6–12）。加糖的叫甜炼乳，不加糖的叫淡炼乳。炼乳是面点中常用的馅心原料，特别是在广式点心及西点中常用到。

4．酥油

酥油是将牛乳入锅煮沸，待冷却后将面上结的皮取出再煎，煎出的油再放锅内烧炼即成酥油（图6–13）。酥油是蒙古族和藏族人民的一种食用油，常与茶、糌粑等合用。它是制作酥类点心常用的原料。

图6–11　乳粉

图6–12　炼乳

图6–13　酥油

5．乳酪

乳酪，又称奶酪、干酪，是牛乳制成（也可用羊乳）。将牛乳入锅中烧煮，倒入盆中冷却，捞出浮面油皮，将油皮放入旧奶酪拌和，放入容器中，用纸封口放一定时候即成（图6–14）。奶酪是西式点心和广式点心的常用原料。

硬质乳酪　　蓝纹乳酪　　软乳酪

图6–14　各式乳酪

6. 酸奶

酸奶是指牛乳经过特殊处理发酵而成，又令人愉悦的口味，其营养价值与牛乳相同，常用于西式早餐的制作和一些特殊风味的蛋糕（图6-15）。

图 6-15 酸奶

7. 其他制品

使用特种生鲜乳（如水牛乳、牦牛乳、羊乳、马乳、驴乳、骆驼乳等）为原料加工制成的各种乳制品，或具有地方特点的乳制品（如奶皮子、奶豆腐、乳饼、乳扇等）。

思考题

1. 蛋的品种及其营养成分有哪些？
2. 乳的营养成分有哪些？

7

模块

调味品

▷ 模块导读

学生对于调味品原料并不陌生，而且对于日常生活中常见的一些调味品类原料的性能也有所掌握，只是对于一些行业中常用而日常生活中又不用的调味品类原料，可能没有见过，更不用说对其性能的掌握了。通过学习本模块，学生对于各种调味品类原料性能会有所掌握，并能很好地运用于烹饪实践中。

▷ 学习目标

1. 掌握常见调味品原料的种类
2. 学会运用各种常见的调味品原料进行调味
3. 掌握各种常见调味品原料的性能

项目一 调味品的概念和分类

项目驱动

本项目主要是学习调味品的基本知识，通过教师的讲授、实物（图片）展示，学生能够掌握调味品的营养成分，从而掌握调味品在面点中的应用。

知识链接

一、调味品的概念和化学成分

1．调味品的概念

调味品又称调味料或调料，指的是在烹饪过程中，能够突出菜点口味、改善菜点外观、增加菜点色泽的非主、辅料。调味原料按味别的不同分为单一调味料和复合调味料。单一调味料又分为咸味调料、甜味调料、酸味调料、鲜味调料、辣味调料、香味调料、苦味调料等。复合调味料是指用两种及两种以上的单一调味料经加工再制成的调味料，如糖醋味、红油味、香糟味、芥末味等。由于使用的配料、比例及加工习惯的不同，复合调味料的种类很多。

在以上两大类调味料中，单一调味料是调味的基础。只有在了解其组成成分、风味特点、理化特性等知识的基础上，才能正确运用各类调味料，达到为菜点赋味、矫味和定味以及增进菜点色泽、改善质地、增进食欲等目的。

2．调味品的化学成分

各种调味品具有不同调味作用，因为它们有自己特定的呈味成分，即化学成分。化学成分的呈味与其化学成分的特性有极密切的联系。不同的化学成分可以通过对人们不同部位的味觉器官的作用引起不同的味感，这就是我们通常感觉的咸、甜、酸、苦、辣、鲜和香等味感。现将可以引起各种味感的化学成分分析如下。

（1）咸味　咸味主要来源于氯化钠，通常称为食盐，是由化学元素氯和钠化合而成的结晶体，也是具有安全性的一种矿物质类。其咸味较其他盐类显著和纯正。其他的一些盐类物质一般都有咸味，但由于化学成分的不同往往杂有苦味，例如粗盐发苦，是因含有钾、镁的缘故。调味品中的酱油及酱类也具有咸味，其实它们都是含有食盐成分的加工制品，其咸味仍是氯化钠成分所致。

（2）甜味　甜味调味品主要有食糖、蜂蜜和糖精。食糖为有机碳水化合物的糖类成分提炼而成的；蜂蜜是人工养殖的蜜蜂采花蜜酿制而成；它们的甜味来源主要是具有生甜作用的氨基、羟基、亚氨基等基团与负电性氧或氮原子结合的化合物质产生的。其甜度一般以蔗糖为标准。蔗糖是食糖的主要成分，蔗糖是由两个单糖分子结合而成的糖，水解能生成一个分子的葡萄糖和一个分子的果糖。果糖的甜度大大高于蔗糖。

（3）酸味　酸味是由有机酸和无机酸及盐类分解的氢离子所产生的。不同种类的酸具有不同的酸味感，调味用的多种食醋、番茄酱等都有酸味。酸味来源于醋酸、乳酸、酒石酸、柠檬酸等，这些都是有机酸，有机酸是一种弱酸，能参与人体的正常代谢，一般对人体健康无影响，能溶于水，其酸味不如无机酸强烈。

（4）辣味　辣味是一些不挥发的刺激成分刺激口腔黏膜所产生的感觉。辣味的调味品较多，其成分很复杂，辣味可分为热辣味和辛辣味两大类：热辣味是在口腔中能引起烧灼感的辣味，如辣椒就属于此类；辛辣味是具有冲鼻刺激感的辣味，除作用于口腔黏膜外，还有一定的挥发成分刺激嗅觉器官，如生姜、大蒜等辣味就属此类。但是不同品种的辣味来自不同的成分。比如：辣椒的辣味来自辣椒碱成分；胡椒面的辣味则是胡椒碱成分所产生的；生姜的辛辣是由姜油酮和姜辛素产生的；葱、蒜的辛辣味系蒜素所致。

（5）鲜味　鲜味调味品可以增加菜肴的美味。调味品中的味精、蚝油等都有鲜味。鲜味的主要有效成分是氨基酸、酰胺、三甲基胺、核苷酸等。如味精、酱油的鲜味就是氨基酸类的谷氨酸钠。

（6）香味　香味主要来源于挥发性的芳香醇、芳香醛、芳香酮以及酯类和萜烃类等化合物。常用的呈香味的调味品有八角、小茴香、桂皮、花椒等，都含有这类化学成分，还有黄酒、芝麻等也有香味，它们的香味也来自这类化合物。如芝麻油、芝麻酱的香味来自含有酚基化合物的芝麻素，黄酒的香味来自脂类，酱油的香味是由酯类、胺类、醛类及酸类所组成的。

（7）苦味　苦味主要来源于黄嘌呤物质的生物碱和糖苷两大类。如苦杏仁苷、咖啡碱等。调味品中陈皮是典型的苦味，它的主要成分是糖苷的柚皮苷和新橙皮苷。

二、调味品的分类

（1）咸味类　食盐、酱油等。

（2）甜味类　糖、饴糖、蜂蜜、糖精、木糖醇等。

（3）酸味类　醋、果汁、柠檬汁、番茄酱等。

（4）苦味类　陈皮、茶叶等。

（5）鲜味类　味精、鸡精、蚝油、虾子、沙茶酱、鱼露等。

（6）辣味类　辣椒、胡椒、芥末、咖喱等。

（7）香料类　八角、桂皮、丁香、薄荷等。

三、调味品的作用

调味品有以下几个作用：

（1）赋予面点的风味和口味。

（2）增添面点的色泽，装饰美化面点的外观。

（3）调节面筋筋质，控制面团性质。

（4）具有防腐作用。

四、使用调味品的基本原则

不同人群、不同地域人的饮食习惯不同，其口味的要求也各有不同。因此调味的方法、味型的变化也各有千秋。但总的说来，调味工艺应遵循的基本原则有以下几点：

（1）根据进餐者口味，准确调味。

（2）掌握好各种调味品的性能，适当调味。

（3）根据原料的性质，相宜调味。

（4）按照各地方的不同饮食习俗要求，因地调味。

（5）结合季节的变换，因时调味。

（6）根据进餐者的年龄、职业等不同，因人调味。

项目二 调味品的种类与应用

项目驱动

本项目主要是学习调味品的种类及其特点的相关知识，通过教师的讲授、实物（图片）展示，学生能够掌握各种调味品的营养、特点及其在面点中的应用。

知识链接

一、咸味类

咸味是一种能独立存在的味，是主味，被称为“百味之主”，是绝大多数复合味形成的基础味。它还能与其他的味相互作用产生一定程度上的口味变化。与酸味相结合，少量食盐可使酸味增强，微量食醋可使咸味增强；与甜味结合，可使甜味突出，而适量的糖可降低咸味；与鲜味结合，则可使咸味柔和，鲜味突出。

（一）食盐

食盐是人们日常生活中不可缺少的食品之一，每人每天至少需要10～15克食盐才能保持人体心脏的正常活动和维持正常的渗透压及体内酸碱的平衡（图7–1）。食盐还能促进胃消化液的分泌，增进食欲。此外，食盐还是一种防腐剂，利用盐很强的渗透力和杀菌作用保藏食物，如腌菜、腌肉、腌鱼、腌蛋等。

图 7–1　食盐

我国所产的食盐主要有下列四种。

1．海盐

海盐是由海水晒取，是食盐的主要来源，占我国食盐总产量的84%以上。主要产区有辽宁、河北、山东、江苏等地。

2．井盐

井盐是用地下咸水熬制成的，我国四川、云南均有井盐生产，而以四川自贡井盐的产量最多。井盐的产量占盐总产量的8%左右。因形状的不同，井盐又分花盐、巴盐、筒盐、砧盐四种。

3．池盐

池盐又称湖盐。我国的池盐是天然产品，资源十分丰富。从内陆的咸水湖中捞取不再加工即可食用。青海的茶卡、察尔汗和内蒙古的雅布赖都是著名的池盐产区。

4．矿盐

矿盐又称岩盐。矿盐是蕴藏在地下的大块盐层经开采后取得，产量较少，仅占总产量的1%左右。矿物质含量很高，氯化钠含量达99%以上，接近加工的精制盐质量，但缺乏碘质。新疆、青海等地均有生产。

食盐按加工程度的不同，又可分为原盐（粗盐）、洗涤盐、再制盐（粗盐）等。原盐是从海水、盐井水直接制得的食盐晶体，含有较多的杂质，除含氯化钠外，还含有氯化钾、氯化镁、硫酸钙、碳酸钠和一定量的水分，所以有苦涩味。洗涤盐是以原盐（主要是海盐）用饱和盐水洗涤的产品。把原盐溶解制成饱和溶液，以除杂处理后再蒸发，这样制得的食盐即为再制盐，再制盐的杂质少，质量较高，晶粒呈粉状，色泽洁白，多作为食用。另外还有人工加碘的再制碘盐为一些缺碘地方作饮食之用。近年来，还逐步推出一些新产品，如鲜味盐、花椒盐、多味盐等，以满足人们不同的口味需要，是良好的居家食用盐品种。

食盐在面点中的应用十分广泛，可用于制作皮料，也可用于制作馅心，是大多数面点品种不可缺少的调味品。

（二）酱油

酱油是仅次于食盐的调味品，在饮食业、家庭烹饪中使用很广，我国产量已达200多万吨。

酱油的成分比较复杂，除食盐外，还有多种氨基酸、碳水化合物、有机酸、色素及香味成分，以咸味为主，也有鲜味、香味等。它能增加和改善面点的口味，还能增添或改变面点的色泽（图7-2）。酱油在面点中一般用于馅心的调制。

图7-2　酱油

酱油根据其所用的原料及生产方法的不同，基本可分酿造酱油和化学酱油两大类。

1．酿造酱油

用豆饼、麸皮、食盐等原料加水，经蒸煮、制曲、发酵制酱坯、滤汁液诸过程，利用微生物发酵酿造而成。这种用发酵法生产的酱油味厚鲜美、风味尤佳，我国各地均有生产。著名的品种很多，如广东的生抽王，湖南湘潭的晒原汁、福建的双灯牌美味酱油等都比较闻名。

酿造酱油方法是我国古老的传统工艺，生产周期长、原料损耗大、出产率低，而且菌种不纯、容易产生有害物质。目前，我国酱油的生产工艺有了很大改进，多采用传统工艺结合现代工艺，以低盐固态发酵法生产酱油，其发酵周期短，并采用人工培育的无害菌株，不会产生有毒物质。

2．化学酱油

用豆饼及盐酸、碱、盐、水等，利用盐酸将豆饼中蛋白质水解，然后用纯碱中和，经煮焖加盐水，再压榨过滤取得汁液，加入酱色制成。化学酱油生产方法简单，时间短，所含的氨基酸成分较高，味道很鲜，但没有酿造酱油那样的芳香味，且盐酸、纯碱及酱色都含有影响人体健康的有害化学物质，现已停止生产。

二、甜味类

甜味调料在调味中的作用仅次于咸味调料，呈现甜味的物质主要是单糖和双糖，此外还有合成甜味剂糖精钠、非糖类物质甜叶菊苷、糖醇以及部分氨基酸、肽等。这些调料的甜味强度和感觉因品种不同而异，甜味最佳的是果糖。

甜味调料在面点中可以单独成味，同时也用于调制许多复合味型，还起到增强光泽的作用。

（一）食糖

食糖是从甘蔗、甜菜等植物中提取的一种甜味调料，其主要成分是蔗糖。我国以广东、广西、福建、台湾、内蒙古及东北地区为主要产地。

食糖按制造方法可分为机制糖和土制糖两大类；按色泽可分为红糖和白糖两大类；按形状和加工程度的不同又可分为绵糖、砂糖、冰糖和方糖等品种。现将食糖的主要品种介绍如下。

1．白砂糖

白砂糖是食糖中质量最好的一种，其颗粒为结晶状，均匀、颜色洁白，甜度稍低于赤砂糖或绵糖，但甜味纯正（图7-3）。白砂糖在面点使用很广泛，可制作馅心，也可作为皮料的调味料来使用。

图 7-3　白砂糖

2．绵糖

绵糖又称绵白糖，为粉末状，色泽洁白，甜味较纯，质量与白砂糖差不多（图7-4）。在面点中的使用与白砂糖相同。

图 7-4　绵糖

3．赤砂糖

赤砂糖色泽浅黄，晶粒均匀稍大，甜度比其他糖类大（图7-5）。在面点中用于调制馅心。

4．冰糖

冰糖是白糖的再制品，也可将浓糖浆直接制成，甜味纯净，质量较高（图7-6）。在面点中可作为点心的馅心使用，也可用于加工糖果等食品。

5．方糖

方糖是优质的白砂糖的再制品，主要用于制作清凉的饮料（图7-7）。

图 7-5　赤砂糖

图 7-6　冰糖

图 7-7　方糖

（二）饴糖

饴糖，又称糖稀、麦芽糖，是粮食类淀粉水解产生的双糖类，主要成分为麦芽糖，甜味不大，一般呈稠浓液态，色呈黄褐色，半透明（图7-8）。在面点中主要用于制作烘烤点心以增加点心的色泽和香味。饴糖持水性强，具有保持点心、面包柔软性的特点。

图 7-8　饴糖

（三）蜂蜜

蜂蜜是蜜蜂采花酿成，通常是透明或半透明的黏性液体，带有花香味（图7-9）。蜂蜜的主要成分为碳水化合物，其中，60%～80%是人体容易吸收的葡萄糖和果糖。在面点中主要应用于皮料的制作，西式面点中用得较多，也可用于制作蜜饯食品。

图 7-9　蜂蜜

（四）糖精

图7-10 糖精

糖精是一种人工合成的甜味剂，化学名称为邻苯甲酰磺酰亚胺，主要使用的是糖精的钠盐，即糖精钠，又称水溶性糖精（图7-10）。糖精钠为无色的晶体或结晶性粉末，无臭，微有芳香气。糖精钠易溶于水，它的水溶液有很强的甜度，相当于蔗糖的300~500倍，其味微苦。

糖精钠在人体内不分解，可随人体代谢排出，不产生热量，无营养价值，主要作为甜味剂来强化食品的甜味。加热超过80℃时会产生苦味，适合用作糖尿病患者和需要低热量食品患者的甜味剂。我国规定其最高用量为0.15克/千克。在面点中主要用于制作一些甜味的糕点。

（五）木糖醇

木糖醇原产于芬兰，是从白桦树、橡树、玉米芯、甘蔗渣等植物中提取出来的一种天然植物甜味剂。纯的木糖醇，外形为白色晶体或白色粉末状晶体（图7-11）。在面点中它可作为甜味剂来制作各种甜的点心。

（六）葡萄糖浆

葡萄糖浆又称淀粉糖浆、液体葡萄糖等。通常是用玉米淀粉加酸或酶水解，经脱色浓缩而成的黏稠液体，主要成分是葡萄糖、麦芽糖和糊精等，易被人体消化吸收（图7-12）。在制作糖制品时，加入葡萄糖浆能防止蔗糖结晶返砂，从而有利于制品的成型。

（七）糖粉

糖粉是蔗糖的再制品，为纯白色粉状，味道与蔗糖相同（图7-13）。糖粉在面点制作中可代替砂糖和绵白糖使用，也可用于点心的装饰以及制作大型点心的模型等。

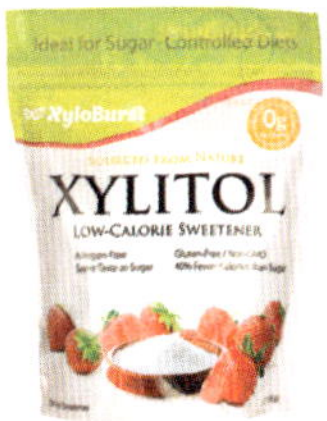

图7-11 木糖醇

图7-12 葡萄糖浆

图7-13 糖粉

三、酸味类

酸味类是无机酸、有机酸及酸性盐等解离出氢离子的化合物特有的一种味道。酸味类的调味品主要为食醋，它能去腥解腻，增加鲜味和香味，在食物加热过程中既能够保护维生素C不受破坏，还可使原料中的钙质溶解而利于人体吸收，对细菌也有一定的杀灭和消毒作用。

（一）食醋

食醋又称醋，是以含有淀粉、碳水化合物、酒精的粮食、果实、酒类等，经微生物发酵酿造成的一种酸性液体调味料，其主要成分是醋酸，还含有不挥发酸、氨基酸、糖等（图7-14）。

图 7-14 食醋

食醋因原料和制作方法的不同，可分为酿造醋和人工合成醋两大类；从色泽分有白醋和红醋两种。

食醋在面点中的应用主要是用于制作面点的馅心调味，特别是用于荤馅的调味，起到去腥解腻的作用。

1．酿造醋

酿造食醋在我国有悠久的历史，我国有许多著名的食醋品种。目前最有名的为山西的老陈醋、江苏镇江的香醋和四川的保宁醋等。

山西老陈醋是山西的特产，生产历史悠久、品质精良、别具风味、味浓烈而芳香。主要原料是高粱、谷糠、稻皮、大曲以及食盐、大料等，经酒精发酵、醋酸发酵、熏醋和夏曝晒、冬捞冰等工序，较长时间陈酿形成。由于发酵期的物理和化学的变化，浓度不断增高，酸度虽高而无刺激感，是人们常用的调味料。

镇江香醋是江苏省镇江的特产。主要原料是糯米、籼米、碎米和谷糠等，是经固体发酵制成的产品，发酵中既有醋酸发酵，又有乳酸发酵，所以产生较好的芳香气味。加之经过炒色、烧煎过程，不仅使食醋香气更为突出，而且色泽也更为浓艳。其产品中还加有砂糖，使之味酸而不烈，与一般食醋相比，别具风味。

保宁醋产于四川阆中市，距今已有300多年的生产历史。保宁醋的生产原料不同于一般食醋，它除了用稻皮作为主要原料外，还加有少量的大米、小麦和近百味中药，经过制曲、发酵、淋坯、熬制过程能增加产品的香味、色泽和浓度。质量好的保宁醋，色呈乌红、味醇香，具有独特的风味。

酿造醋的原料以含糖或淀粉的粮食为主，以谷糠、稻皮为辅料，经糖化、酒精发酵、下盐、淋醋等工序制成，因所用原料和酿造方法的不同，一般分为米醋、熏醋、糖醋三种。

（1）米醋 米醋是以发酵成熟的白醋坯直接过淋的一种食醋，色泽黄褐，有芳香味，质量较好，根据其酸度的不同分为超级米醋、高级米醋、一级米醋。在面点中主要用于馅心制作时的调味。

（2）熏醋 又名黑醋，原料与米醋相同，不同之处是用成熟的白醋坯装入缸内在80～100℃的高温下熏制10天左右，成为熏坯，再以熏坯和白坯各半，加入适量的花椒和大料，经过淋取的食醋即为熏醋。熏醋色泽较深，具有特殊的熏制风味，存放的时间越长香味越浓，根据酸度不同可分为高级熏醋、特级熏醋和一级熏醋。

（3）糖醋 主要原料是饴糖，加曲和水拌匀封缸发酵，经60～100天成熟后，取其上面澄清的透明液即为糖醋。其色泽较浅，也叫白醋、味纯酸。由于酸味单调，缺乏香味，且易长白膜，故质量不及米醋、熏醋。

2．人工合成醋

人工合成醋是用冰醋酸加水稀释而成，称为醋酸精。醋中含有醋酸3%～5%，酸味大，无香味，使用时应根据需要稀释和控制用量。由于冰醋酸有一定的腐蚀作用，调味效果并不好，所以目前市场供应极少。

（二）番茄酱

番茄酱是指将新鲜成熟的番茄经洗净、去皮、去籽、磨细加工制成的一种酱状调味品原料。番茄酱以其色泽红艳、滋润、味酸鲜香、质地细腻、无杂质者为佳品（图7-15）。

番茄酱主要是利用其鲜艳红润的颜色，在面点中起到调味和点缀的作用。

图 7-15 番茄酱

（三）柠檬汁

柠檬汁是从鲜柠檬中榨取的汁液，现也有人工合成的柠檬汁，是用柠檬酸加水稀释而成的，其口味不如前者（图7-16）。

柠檬汁在西点中使用较多，但近几年在中点中也有应用，主要用于点心上的浇汁使用。

图 7-16 柠檬汁

四、苦味类

苦味是五味之一，广泛存在于食物原料中，是一种并不令人愉快的味感。作为苦味的调味品较少。苦味虽为人们所不喜欢，但使用配合得当，便会形成一种特殊的风味，具有口感清爽、增进食欲的作用。苦味调味品一般都兼有香味，所以又可归于香味调味品中。

1．陈皮

陈皮是成熟柑橘皮的干制品，经干燥保藏陈久者为好，因此而得名。陈皮含有柠檬萜、橙皮苷等成分，味苦而芳香。陈皮呈不规则的裂片状，通常卷曲，外表为金黄色、橙红色或黄棕色，有无数个向里凹进的密集的油室，内表面为淡黄色或白色，质地脆易碎，陈皮气味芬芳，味辛苦（图7–17）。

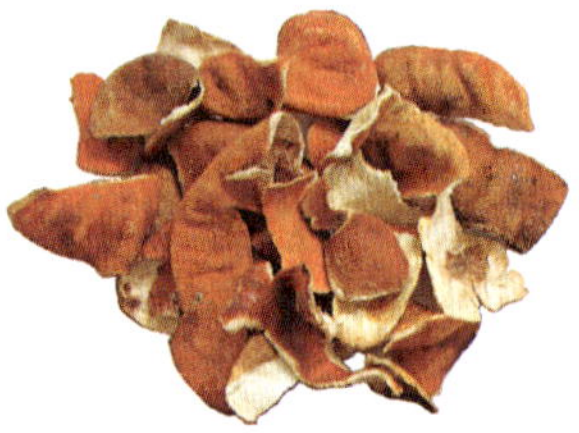

图 7–17　陈皮

在面点中的应用主要用于制作馅心，如苏式的五仁月饼中就有陈皮加入。

2．茶叶

茶叶主要用其香味和苦味，可取其叶或汁使用（图7–18）。

图 7–18　茶叶

在面点中使用不多，用于一些特殊的调味。

五、鲜味类

鲜味是食品的一种复杂的美味感。鲜味呈味物含有核苷酸、氨基酸、酰胺、肽、有机酸等物质。鲜味不是独立存在，需要在咸味的基础上发挥作用。

1．味精

味精是面点中常用的鲜味调味品，它的化学名称叫谷氨酸钠（即谷氨酸一钠），从大豆或小麦面筋及其他含蛋白质较多的物质中提炼制成，现多用淀粉经发酵制成（图7–19）。味精有的呈结晶状，有的呈粉末状，除含有谷氨酸外，还含有少量的食盐，我国规定按谷氨酸钠的含量分为五种规格（即99%、95%、90%、80%、60%），我国各地均有生产。

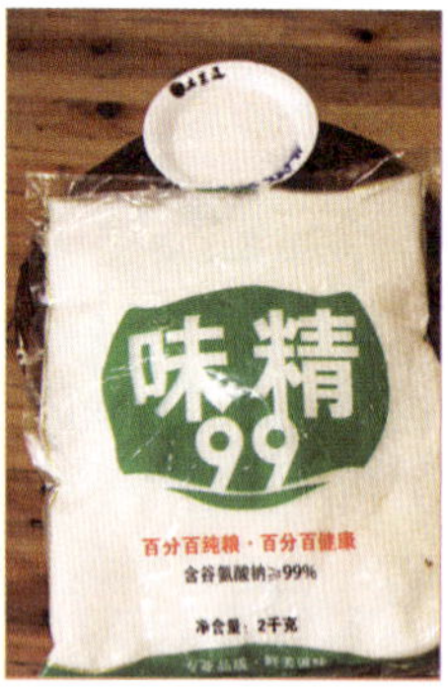

图 7–19　味精

味精的性质微有吸湿性，易溶于水，味道极鲜美。味精含鲜味与溶解度有很大的关系，在弱酸和中性溶液中，溶解度最大，具有强烈的肉鲜味；在碱性溶液中不但没有鲜味，反而有不良气味，因为谷氨酸一钠在碱性溶液中能变成没有鲜味的谷氨酸二钠。味精在70～90℃时溶解度最好，而在高温下则能使谷氨酸一钠变成焦谷氨酸钠而失去鲜味。味精在强酸性溶液中，溶解度极小，所以鲜味也很小。因此，在使用味精时不宜在高温下加入，而在凉菜中，因温度低，不易溶解，鲜味发挥不出来，应适当用温开水溶解后浇入凉菜。还应尽量避免在碱性和酸性条件下使用味精，以免产生不良的变化。使用味精还要适量，用量多会产生一种似咸非咸、似涩非涩的怪味。

味精在面点中的应用主要用于调制馅心。

2．鸡精

鸡精仅是味精的一种，主要成分都是谷氨酸钠发展而来，鲜度是谷氨酸钠的2倍以上。由于鸡精中含有鲜味核苷酸作为增鲜剂，所以具有增鲜作用，纯度低于味精（图7-20）。鸡精是一种复合鲜味剂，是日常使用的调味品，保质期为1～2年，而95%纯度味精保质期为3年。

图 7-20　鸡精

鸡精在面点中的作用是作为调制馅心的调味粉来用的。

3．蚝油

蚝油是利用鲜牡蛎加工干制时煮的汤汁，经浓缩后调制而成的一种液体调味品（图7-21）。

蚝油含有牡蛎肉浸出物中的各种呈味成分，具有浓郁的鲜味，是我国广东等地的特产，色泽棕黑，汁稠滋润，鲜香浓郁。

图 7-21　蚝油

在面点中的使用主要用于广式点心中的馅心调味。

4．虾子

虾子是由虾类繁殖的卵子干制而成，因含有丰富的卵黄蛋白，不仅营养丰富，而且具有强烈的鲜味，是一种传统的鲜味调味品，色呈棕红，微粒状（图7-22）。

在面点中常用于制作点心的馅心，如扬州的三丁包子就是用虾子来调味的。

图 7-22　虾子

5．虾酱

虾酱又名“虾膏（糕）”，是以各种小鲜虾加盐发酵后，经细磨制成黏稠状酱，或再加工浓缩成膏状的一种调味品（图7-23）。虾酱一般作烹饪调味品使用，放入各种鲜菜、肉类或汤品内食用，使食物增添鲜味。为我国沿海居民常用的家厨调味品。新加坡、马来西亚华侨常用的客拉煎，俗称“马拉馈”即为这类产品。

图 7-23　虾酱

在面点中常用于点心馅心的调味。

6. 鱼露

鱼露亦称“鱼卤”，俗称“鱼酱油”，指不用大豆而以鱼、贝类为原料制成的酱油（图7–24）。鱼露是用小杂鱼或鱼贝类弃料的蛋白质等成分，在高盐分对腐败细菌的抑制下，以鱼体本身的酶，经长时期酶解发酵后形成的含有多种氨基酸的鲜味汁液，呈琥珀色或棕红色，以澄清者为上品。鱼露盛产于我国闽、粤以及东南亚各国，各地产品因用料和生产周期的长短，故风味各有不同。

图 7–24　鱼露

在面点中常用于点心馅心的调味。

7. 沙茶酱

沙茶酱是盛行福建、广东等地的一种混合型调味品。色泽淡褐，呈糊酱状，具有大蒜、洋葱、花生米等特殊的复合香味、虾米和生抽的复合鲜咸味以及轻微的甜、辣味（图7–25）。

图 7–25　沙茶酱

沙茶酱在面点应用中也是用于一些特殊馅心的调味。

六、辣味类

辣味也称辛味，是通过对人体的味觉器官强烈的刺激所感受到的独特的辛辣和芳香，其辛辣味主要由辣椒碱、姜酮、姜辛素等产生的。辣味在食品中也不能独立运用，需与其他诸味配合才能发挥作用，是形成各种辣味型复合味的重要味别。用辣味调味品制作的食品别具风味，我国的川菜、湘菜使用广泛，并以此而闻名，为人们所喜爱。

1. 辣椒制品

辣椒果实经干制后可加工成各种制品，如辣椒酱、辣椒粉、辣椒油等。辣椒粉末与酿造酱可加工成辣酱，新鲜的红辣椒经碾磨熬制成糊状物也叫辣椒酱。辣椒晒干后经碾成粉末即可制成辣椒粉（图7–26）。辣椒成熟后变红的干辣椒与油熬制可制成辣椒油。因为辣椒含有烈性的辣椒素成分，其各种制品辣味均很强烈，加工后的制品也因辣椒含有红色素多呈黄棕色或棕红色。

图 7–26　辣椒粉

在面点中主要应用于制作辣味馅心，也可用于蘸食。

2．胡椒粉

胡椒粉是由胡椒果实碾压而成，有黑胡椒粉和白胡椒粉两种。胡椒果实成熟后晒干，碾成粉末称为黑胡椒粉，呈灰棕色（图7–27）。成熟的果实用盐水或石灰水浸渍后，在阳光下晒干，用去皮机除去果皮再碾成粉末即为白胡椒粉（图7–28）。白胡椒粉的烈味及芳香均较黑胡椒粉弱，因气味较佳，故市场供应较多。

胡椒粉含有胡椒碱和挥发油等成分，味苦辣而芳香，是良好的辣味调味品。在面点中主要应用于制作馅心，也有用于皮子的制作。

3．芥末粉

芥末粉是由芥菜籽碾磨而成，有黑芥末粉和白芥末粉两种，来源于两种不同品种的芥菜籽。黑芥末粉为黄棕色，味带辛辣极刺鼻；白芥末粉呈淡黄色，味也刺激。两者成分相似，苦辣味主要由芥末油产生。芥末的质量以油性大、辣味足、有香气、无异味、无霉变者为佳（图7–29）。

在面点中的应用是用来调制馅心和一些小吃。使用时以温开水搅成糊状，在常温下静置2小时左右，待产生强烈的刺鼻气味和上口极辣的感觉后即可使用。在调拌成糊状时常加入少许糖、醋除去苦味，加入少许植物油增进香味。现在市场上也有芥末油、芥末膏等销售，可以直接使用。

图 7-27　黑胡椒粉

图 7-28　白胡椒粉

图 7-29　芥末粉

4．咖喱粉

咖喱粉是由20多种香辛调料调制而成的一种味辛辣、微甜、呈黄色或黄褐色的粉状调味料（图7–30）。咖喱源于印度，现我国各地均有加工制作。

图 7-30　咖喱粉

主要配料有胡椒、辣椒、生姜、肉桂、肉豆蔻、茴香、芫荽籽、甘草、橘皮、姜黄等。将各种香辛料干燥粉碎后混合，或粉碎焙炒，然后贮放待其成熟。咖喱粉的质量以色泽深黄、粉质细腻、松散无块、无杂质、无异味者为佳。

在面点中咖喱粉主要用于制作点心的馅心。

七、香料类

香料指含有香味的植物的花、果、籽、皮及其制品的调味品原料。香料品种极多，各有其独特香味，在食品应用中起到除去异味、增香味和色彩、刺激食欲的作用。

1. 花椒

花椒的果实，一般在立秋前后成熟，果实呈红色或淡红，为良好的调味料（图7–31）。花椒的产地很广，河北、河南、山东、江苏、浙江、江西、福建、广东、四川、陕西均产，以四川产的质量为好，其皮红、味厚，以河北、山西产量为高。

图7–31　花椒

花椒含有花椒油香烃、水芹香烃、香叶醇、香草醇等化学成分，生时呈麻味，炒熟后香味才溢出。花椒含有丰富的脂肪，榨油率在25%以上，有浓厚的香味，是一种很好的食用油。在面点制作时一般都是将其研成粉末后使用，如花椒粉、花椒盐、葱椒盐等，这些都可以制作点心的馅心。

2. 八角

八角又名大料、大茴香，是八角茴香的果实，原产于亚洲的东南部，印度、越南及菲律宾等地均普遍栽培，我国盛产于广东、广西等地。八角颜色紫褐，呈八角，形状似星，有甜味和强烈的芳香味（图7–32）。香气来自其中的挥发性茴香醛、茴香脑、甲基黑椒酚等。八角以个大均匀、色泽棕红、鲜艳有光、香气浓郁、完整身干、果实饱满、无霉烂杂质者为佳。

图7–32　八角

八角在面点中的作用主要是制作点心馅心的调料。

3. 小茴香

小茴香又称谷茴香，为伞形科植物茴香的果实，每年9～10月成熟，主要产于山西、甘肃、辽宁、内蒙古等地区。小茴香香味浓郁，其味取自小茴香酮、大茴香脑、大茴香醛等成分，常与八角一起使用，适合于腥膻味强的动物原料的制作，有去腥解腻的作用。小茴香性热，在药用上有健脾开胃、理气、祛风散寒等疗效。干燥果实呈小柱形，两端稍尖，外表呈黄绿色（图7–33）。其主要成分是茴香醚、小茴香酮。茴香的质量

图7–33　小茴香

以颗粒均匀、干燥饱满、色泽黑绿、气味香浓、无杂质为佳。

小茴香在面点中可用作面食的调味。

4. 桂皮

桂皮是用樟科植物肉桂、天竺桂、细叶香桂、川桂、阴香等的树皮，经干燥后制成的卷曲状圆形或半圆形调香料，主产于福建、山东、广西、湖北、江苏、浙江、四川等地。其主要呈香物质为桂皮醛、柠檬醛、丁香油酚等。桂皮的质量以皮细肉厚、表面灰棕色、内面暗红棕色、油性大、香气浓、无虫蛀、无霉烂者为佳（图7–34）。

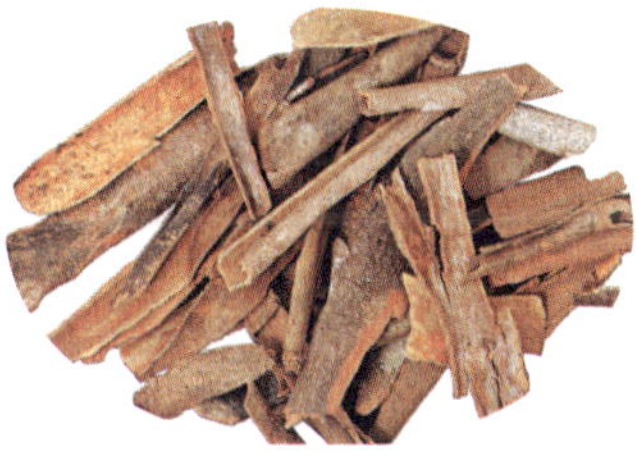

图 7-34 桂皮

桂皮主要起到压异味、增香味的作用，也是复合味调味料的原料之一。在面点中主要用于制作馅心的调味。

5. 丁香

丁香是丁香树的花蕾，呈紫红色时摘下干制而成，成品为暗棕色或棕黑色，有钝四棱形近圆柱形花托，下端稍狭细，上端载四瓣分裂三角形的萼，含有丁香油酚、丁香油萜和醇类物质，味香而辛，有轻微的麻痹感（图7–35）。我国在汉朝已将丁香用作香料调味，主要产地有南洋群岛、越南、非洲等国，我国海南岛等地也产，以槟榔屿所产为佳。

图 7-35 丁香

丁香在面点中的作用也是作为馅心的调味。

6. 香叶

香叶学名月桂叶，是一种很受欢迎的调味品，多被用作腌渍或浸渍食材，也可用于炖制或填馅，其味道独特，通常是整片使用的，也有磨成粉使用的（图7–36）。它既可用于调味，也可用于摆盘装饰，做法也多种多样，它可以增香去腥，增进食欲。

在面点中主要是为点心馅心调味。

图 7-36 香叶

7. 草果

草果具有特殊浓郁的辛辣香味，能除腥气，增进食欲，是烹调佐料中的佳品，被人们誉为食品调味中的“五香之一”（图7–37）。主产于云南、广西、贵州等地。秋季果实成熟时采收，除去杂质，晒干或低温干燥。微炒、捣碎用。去腥除膻，增进菜肴味道。

调制鱼类和肉类馅心时，有了草果其味更佳。

8．桂花酱

桂花酱是用鲜桂花、白砂糖和少许盐加工而成，色美味香（图7–38）。

广泛用于汤圆、麻饼、糕点、蜜饯、甜羹等糕饼和点心的制作。

9．玫瑰酱

玫瑰酱是一种常见酱料，是将玫瑰花的花瓣用糖腌制成的（图7–39）。鲜花须发育充分，瓣厚、色浓、洁净，采摘鲜花后，平铺在阴凉通风的室内，经常翻动，防止发热变质，经过1～2天的放置，玫瑰花的花托与花瓣分离，剥除花托、花萼后，即可进行腌制。玫瑰花酱属温性食品，有疏肝醒脾之功能。

玫瑰酱广泛应用于各种糕点和馅心中。

图 7–37　草果

图 7–38　桂花酱

图 7–39　玫瑰酱

10．五香粉

五香粉是指将超过5种的香料研磨成粉后混合在一起的调味料，基本成分是磨成粉的花椒、肉桂、八角、丁香、小茴香籽。有些配方里还有干姜、豆蔻、甘草、胡椒、陈皮等。五香粉汇集了各种原料的优点，气味芳香，具辛温之性，有健脾温中、消炎利尿等功效，对提高机体抵抗力有一定帮助（图7–40）。

图 7–40　五香粉料

五香粉在面点制作中主要用于拌馅，或为卤汁增味。

11．十三香

十三香又称十全香，指将13种各具特色香味的中草药物，包括紫蔻、砂仁、肉蔻、肉桂、丁香、花椒、八角、小茴香、木香、白芷、山柰、良姜、干姜等，磨为粉做成的调味料，各地配方不一（图7–41）。

十三香常用于调制面点馅心。

图 7–41　十三香

思考题

1. 什么是调味品？在烹饪中有什么作用？
2. 简述调味品的化学成分。
3. 调味品分为哪几类？分别举例说明。
4. 食盐的特点及在面点中的应用有哪些？
5. 食糖的种类和特点有哪些？

模块8 食用油脂

模块导读

学生对于日常生活中常见的食用油脂类原料的性能有所掌握，但是对于一些行业中常用而日常生活中又不用的食用油脂类原料缺乏了解。通过学习本模块，使学生对于各种食用油脂类原料性能有所掌握，并能很好地运用于烹饪实践中。

学习目标

1. 掌握常见食用油脂类原料的种类
2. 掌握各种常见食用油脂类原料的性能

项目一

食用油脂概述

项目驱动

本项目主要是学习食用油脂的基本知识，通过教师的讲授、实物（图片）展示，学生能够了解食用油脂的营养成分，从而掌握食用油脂在面点中的应用。

知识链接

一、食用油脂的概念

食用油脂是指供人食用的以脂肪为主，并含有其他成分的混合物。按通常存在的状态可分为油和脂，在常温下呈液态的为油，呈固态的为脂，实际上油和脂并无严格的界限，人们日常生活中把油和脂混称或连在一起称为油脂。

二、食用油脂的化学成分

1．甘油酯

食用油脂的主要成分为甘油酯，其中除少量甘油一酯和甘油二酯外，主要是甘油三酯。构成甘油三酯的三个脂肪酸若相同，则称为单甘油酯；三个脂肪酸若不相同，则称为混合甘油酯。在天然食用油脂中绝大多数为混合甘油酯。

2．脂肪酸

在油脂中的脂肪酸除了以结合成甘油酯的形式存在外，还有一部分以游离状态存在。脂肪酸按结构中有无双键又分为饱和脂肪酸、不饱和脂肪酸两类。在食用油脂中，饱和脂肪酸主要有软脂酸（如猪油）、硬脂酸（如牛、羊油）和月桂酸（如椰子油）等；不饱和脂肪酸主要有油酸、亚油酸、亚麻酸、花生四烯酸等，这些不饱和脂肪酸常被称为必需脂肪酸。

3．磷脂

磷脂是指在结构上类似于甘油酯的化合物，主要有卵磷脂、脑磷脂、神经鞘磷脂等。磷脂是良好的乳化剂，能降低溶液体系的表面张力；还可防止油脂的氧化，减缓油脂的酸败过程。磷脂在粗制油中含量较多，在加热时易起泡。

4．色素

纯净的油脂是无色的，但各种粗制油呈现不同的颜色，这是由溶解在其中的色素造成的。例如叶绿素呈绿色，叶黄素和类胡萝卜素呈黄色，叶红素呈橘红色，棉酚呈棕色。

5．维生素

食用油脂中含有脂溶性维生素A、维生素D、维生素E、维生素K等。在植物油脂中维生素E较多，维生素A、维生素D、维生素K较少；在动物性油脂中则维生素A、维生素D、维生素K较多，维生素E较少。

6．蜡

食用油脂中的蜡是由高级饱和脂肪酸与高级一元醇形成的酯，主要来自动植物体表面的组织。蜡不易被脂肪酶水解，在消化道内不能被消化吸收，故无营养价值。食用油脂中虽含蜡很少，但在冬季或低温时蜡晶常呈云雾状悬浮在油脂中。

三、食用油脂的性质

食用油脂中所含有脂肪及其他一些非甘油酯类的化合物共同构成了食用油脂的基本性质，这些性质不仅决定了它们在面点中的重要作用，而且也是食用油脂进行贮存保管的依据。

1．色泽和气味

食用油脂都具有一定的色泽和气味，它是区别不同的油脂种类及鉴定质量优劣的依据。食用油脂的色泽和气味主要是由食用油脂中非甘油脂类成分引起的，比如棉籽油的颜色很深，这主要是含有黑紫色的棉籽嘌呤的缘故。芝麻油较一般植物油颜色较深、香味足，这主要是由色素和酚、醇及乙酰吡嗪等芳香物质所致。利用不同食用油脂的色泽和气味可以增加食品的风味。

2．熔点

食用油脂的熔点是由构成脂肪成分的脂肪酸的碳链长短而决定的，因此，各种食用油脂的熔点是不相同的，如大豆油的熔点在-18～-8℃，花生油的熔点在0～3℃，棉籽油的熔点在3～4℃，而猪油的熔点在28～48℃。食用油脂的熔点还与其脂肪酸的饱和程度有关，熔点低，不饱和脂肪酸的含量就高，其营养价值也就高。植物油脂熔点较动物性油脂熔点低，所以营养价值要高些。因此，不同油脂的熔点是检验其质量的重要依据。

3．溶解性

精炼的食用油脂不含水分，相对密度比水轻，能浮于水面而不溶于水，但易溶解于乙醚、丙酮、烃、苯、二硫化碳等溶剂。在一定的温度下，食用油脂的部分脂肪成分能溶入部分水，如硬脂酸在69℃时每100克可溶入水0.29克。

4．黏度

食用油脂虽不溶于水，但黏度比水高，因此在面点中食用油脂能很好地黏附在食品上，能够改变点心的滋味和光泽。

5．乳化

食用油脂在一般情况下不溶于水，但在一定的条件下，油脂能呈微滴状分散于水中形成稳定的乳浊液。

6．温差幅度

食用油脂的温差幅度很大，在加热之后，油脂的温度很容易升高，而且能达到极高的温度（沸点），有的甚至可以超过300℃。由于食用油脂温差幅度很大，在面点中，适当运用油温，可以使制品形成不同的质感、味感。

7．水解和氧化

食用油脂在酸、碱、酶及热的作用下能发生水解。在加热情况下，只能使油脂部分地水解出脂肪酸，因此能促进人体对油脂的消化吸收。食用油脂在空气中还能自发地进行氧化并生成过氧化物，所以，在贮存食用油脂时，避免长时间在空气中露放，是防止油脂氧化的关键。

8．热变性

食用油脂在加热过程中，由于长时间加热或温度过高可使黏度增高或经水解后再缩合成大分子质量的醚型化合物，产生刺激性气味等变化，使其味感变劣，丧失营养，甚至还会产生毒性，所以在加热中必须控制适当的温度。

四、食用油脂的分类

1．植物油类

植物油类主要是从植物的种子和果实中提取出来的，常温下通常呈液体状态。食用植物油脂按来源可分为豆油、花生油、菜籽油、棉籽油、玉米油、芝麻油、椰子油、橄榄油等。

2．动物脂类

动物脂类是通过对动物性的脂肪组织进行熬炼提取出的，一般呈固态或半固态。提取的方法通常有干炼法和水煮法两种。干炼法就是把生的动物性脂肪原料直接放入锅中熬炼。水煮法则是将其与水共煮或让蒸汽直接进入生脂原料中，使细胞受热破裂，油滴溶出，水分蒸发后油即可取出。水煮法提取的油脂质量优于干炼法。

五、食用油脂在烹饪中的作用

食用油脂在烹饪中使用广泛，是制作菜肴和面点不可缺少的原料。

1．作为常用的传热媒介

由于油脂的燃烧点高达360℃，故可贮存大量的热能，并使之迅速传递到原料，使之快速成熟，并不会造成水溶性营养物质的流失。若温度过高，则有可能导致对人体有害物质的产生。使用油烹法时，温度不宜太高。

2．可调节菜肴的质感

（1）由于油烹法加快了烹调的速度，缩短了原料成熟的时间，保护了原料内部的水分，而使菜品具有鲜嫩、滋润的口感。

（2）在一般的烹调加热条件下，热油的温度高于水分蒸发的温度，因此，原料在热油中经过一定时间的煎、炸加热后，可使原料表面甚至内部的水分蒸发，而使菜点具有外酥里嫩或松、香、酥、脆的口感。

3．可作为色香调料使用

（1）由于香味成分多为脂溶性成分，在油脂中有良好的溶解性。因此，芝麻油、奶油、鸡油、辣椒油、咖喱油等均可用于菜点的增香、调香。

（2）色泽鲜艳的辣椒油、咖喱油还可用于增色、调色。

（3）在高温油脂中，食品表面发生羰氨反应形成金黄色、黄褐色的呈色物质。

（4）菜肴装盘后，在表面淋上油脂，可增加菜肴的光泽度和滋润感，故有“明油亮芡”的说法。

4．常作为面点制作的原料

食用油脂是调制油面团、制作起酥点心不可缺少的原料，能使制品起酥层次清晰、香酥可口，达到应有的质量标准。如在荷花酥、丹麦面包的制作时，常在面团中加入大量的油脂。

5．作为烹调的润滑剂

在菜肴烹调时，原料下锅前一般都需要少量的油脂滑锅。一方面可防止原料粘锅和原料之间相互粘连；另一方面通过翻拌，使原料吸附油脂，增加菜肴的滋味和亮度。

6．具有保温作用

由于油脂的密度低，能浮在水面上，形成一层保护层，因此具有较好的保温作用。如过桥米线、牛油火锅、麻婆豆腐、水煮肉片等均利用了这一作用。

7．可用于某些干货原料的涨发

油发是中餐烹饪中常用的干货涨发方法之一。在低温油中，原料中的水分蒸发，结缔组织缓慢受热收缩。当收缩到最大限度时，膨胀力大于收缩力，胶原纤维细胞膜开始膨胀，直至细胞膜破裂，形成海绵状质地。油脂多用于含胶质丰富、结缔组织紧密的干货原料，如蹄筋、肉皮、鱼肚的涨发。

8．具有保色作用

某些色浅或无色的食用油脂如猪油、色拉油作为烹调用油时，具有保色、护色的作用。

（1）滑熘类菜肴　在制作滑熘类菜肴时，使用的油脂色素含量少，色泽乳白或清澈，不含糖类，熔点高，不易氧化变色。在一定温度（低温）下加热，迅速操作，使原料内部的糖不能分解，从而保持了原料的色泽。

（2）部分用猪油制作的酥点　若在面团和制时加入猪油或色拉油，则面粉中的糖、氨基酸不能溶解。当用恒温烤制时，羰氨反应不能发生，故成品颜色洁白。

9．具有造型作用

（1）当油温较高时，原料表面的结缔组织受热迅速凝固而定型，如脆皮鱼条、松鼠鱼等。

（2）在高油温下，动物性原料的肌纤维组织急剧收缩，可呈现各种花纹形状，并迅速成熟、保持脆嫩，如腰花、鱿鱼卷、鱼花、肚花、肉花等的成形。

（3）若油脂加入面团中，在加热过程中，对面团组织具有一定的分层作用，可使面坯按规定的要求起酥，形成特殊形状，如千层酥、荷花酥的制作。

此外，在面点制作中，油脂还可调节面筋的胀润度，降低面团的筋力和黏性；保持产品组织的柔软，延缓淀粉老化时间，延长点心的保存期。

项目二 食用油脂的种类与应用

项目驱动

本项目主要是学习食用油脂的种类及其特点的相关知识，通过教师的讲授、实物（图片）展示，学生能够掌握各种食用油脂的营养、特点及其在面点中的应用。

知识链接

一、植物油类

1．豆油

豆油是从大豆中压榨出来的，有冷压豆油和热压豆油两种。冷压豆油的色泽较浅，生豆味淡；热压豆油由于原料经过高温处理，其出油率虽高，但色泽较深，并带有较浓的生豆气味。从综合利用情况看，冷压豆油比热压豆油好，因为冷压后的豆渣仍可以制作豆制品，而热压后的豆渣一般作为饲料。按加工程度的不同又可分粗豆油、过滤豆油和精制豆油。豆油在空气中放久后，油面会形成不坚固的薄膜。豆油较其他油脂营养价值高，我国各地喜欢食用，东北地区食用较多（图8–1）。

豆油在面点中的应用主要用于炸制各类点心和制作一些酥类点心。

2．菜籽油

菜籽油又称菜油或芸薹油，是由油菜籽榨出的油。普通菜籽油呈深黄色，有特殊气味，且具涩味，属于干性油类。粗制菜籽油呈黑褐色，精制的则为金黄色（图8–2）。菜籽油主要产区以长江流域及西南各省为主，是我国的主要食用油脂之一，产量居世界第一位。

菜籽油在面点中的应用主要是用于炸制点心和制作酥类点心。

3．花生油

花生油是从花生仁中提取的油。按加工方法和精制程度的不同，有毛花生油、过滤花生油和精制花生油三种。毛花生油呈深黄色，含有较多的水分和杂质，浑浊不清，但可食用。过滤花生油较为澄清，但不易贮存，耐贮性差。精炼花生油透明度较高，所含水分和杂质较少，因经碱制除去了游离酸，不易酸败，是良好的食用油。用冷压法提取的花生油，颜色浅黄，气味和滋味均好，用热压法提取的花生油，则为浅橙黄色，有炒花生的气味。花生油在夏季是透明的液体，到冬季则为黄色半固体状态，属半干性油脂（图8–3）。我国主要产区在华东、华北等地，各地区人民多喜食用。

花生油在面点中的应用主要是用于炸制点心、酥类点心和调制一些馅心。

图 8–1　豆油

图 8–2　菜籽油

图 8–3　花生油

4．芝麻油

芝麻油俗称麻油、香油，是由芝麻中提炼出来的油，因有特殊的香味，故称香油。按加工方法的不同，分为冷压芝麻油、大槽油和小磨香油。冷压芝麻油无香味，色泽金黄，多供出口。大槽油为土法冷压芝麻油，香气不浓。小磨香油是传统工艺方法提取的芝麻油，具有浓厚的特殊香味，呈红褐色（图8–4）。芝麻油的耐贮性比其他植物油为强，在贮存中很少发生氧化酸败。我国芝麻油产量居世界第一位，河南、湖北两省为主要产区。芝麻油的消费以北方为主。

图 8–4　芝麻油

芝麻油在面点中的应用主要是用于馅心的调制。

5．玉米油

玉米油是从玉米中提炼的油，为一种新生产的食用油。玉米油色泽淡黄透明，内含60%脂肪酸，还含有较多的人体需要的油酸、亚油酸及谷维素，对降低人体血清胆固醇的浓度有较好的效果，有防止动脉血管硬化的功能，被称为非常合适的食用油脂。其熔点低，易被人体消化吸收（图8–5）。

图 8–5　玉米油

玉米油在面点中的应用主要是用于制作一些高档点心的炸制、馅心和酥类点心。

6．椰子油

椰子油是由热带植物椰子树的果实中所提取出的一种植物油（图8–6）。椰子取油的方法有两种：一种是水煮法，即将新鲜的椰子果实用刀割成两半，再将果肉刨成丝，然后将丝用水煮，椰油就透出浮于水面，此法简单，一般单位均可自取，若无新鲜椰实，也可用干椰果提取；另一种是压榨法，先将椰子果实的肉加以干燥再经机器切碎，蒸熟，然后用机器压榨，干椰果实一般含油量为65%～72%。

图 8–6　椰子油

椰子油因含大量的低分子质量饱和脂肪酸，所以在常温下是固体，较稳定不易酸败，遇热不是逐渐软化，而是在几度的温度变化范围内，由脆性固体骤变为液体。

椰子油在面点中的应用是为了增加中链脂肪的摄入量，用椰子油代替其他食用油烹调是最简便的办法。由于椰子油是饱和油，烹调加热不会产生自由基。椰子油的熔点是23℃，在此温度之上，它是液体；低于此温度是白色糊状物。其发烟点较低，为177℃以下，使用椰子油烤制面包、松饼或烹调时，炉温可高于此温度。椰子油性能稳定，不需冷藏贮存，它在常温中可放置2～3年。

7．葵花籽油

葵花籽油又叫葵花油，是从葵花子中提取的（子中含油达26%～35%）。分冷榨油和热榨油。冷榨油呈淡黄色，热榨油呈金黄色并有葵花子的特殊香味，品质较好，有防止血管硬化的功能（图8–7）。

在面点中的应用主要是用于一些颜色要求洁白的炸制点心和馅心的调制。

图 8–7　葵花籽油

8．橄榄油

橄榄油在地中海沿岸国家有几千年的历史，在西方被誉为“液体黄金”“植物油皇后”“地中海甘露”等，原因就在于其极佳的天然保健功效、美容功效和理想的烹调用途。可供食用的高档橄榄油是用初熟或成熟的油橄榄鲜果通过物理冷压榨工艺提取的天然果油汁，是世界上唯一以自然状态的形式供人类食用的木本植物油（图8–8）。它原产地中海沿岸诸国，栽培历史已有数千年之久。

在面点中作为高档馅心的调制。

图 8–8　橄榄油

9．棉籽油

棉籽油是从棉花种子中提取出来的，含不饱和脂肪酸为70%～75%，精炼后安全无毒（图8-9）。

按加工方法分为毛棉油、过滤棉油和精炼棉油三种。毛棉油因含棉酚呈黑红色。棉酚是毒性物质，能使人体组织红肿出血、精神失常、食欲不振、体重减轻、影响生育等，所以，毛棉油不宜食用。过滤棉油虽可食用，但要经高温处理以使红色棉酚分解，失去毒性。精炼棉油是经加碱精炼后已经过滤的棉油，色泽浅淡，透明无异味，品质较好。

在面点中棉籽油主要用来炸制点心，也可作为酥点类的原料。

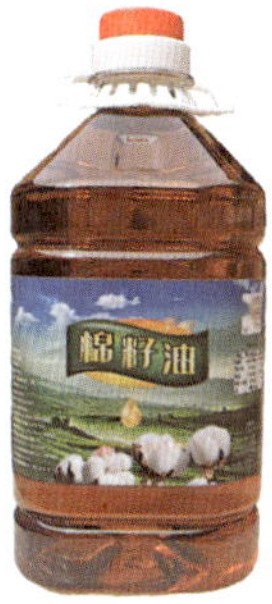

图 8-9　棉籽油

10．色拉油

植物液体油俗称色拉油，一般以菜籽、豆类、蔬菜、椰子等为主要的油源。在西点制作时，应避免使用具有特殊气味的油脂，而破坏西点成品应有的风味，如花生油、橄榄油等。色拉油因为油性小、熔点低，具良好的融合性，掺在蛋糕里有使蛋糕体柔软的作用，但是色拉油较黄油容易在空气中氧化。因此，色拉油制成的西点保存性也较差。

二、动物脂类

1．猪油

猪油又称大油，是从猪的脂肪组织中提炼出来的，常温下为固体状油脂。猪油根据部位来源不同，可分为板化油、脚化油、肉化油和骨化油等（图8-10）。其中板化油质量最佳，脚化油次之，其品质以液态时透明清澈、固态时色白质软、明净无杂质、香而无异味者为佳。

图 8-10　猪油

猪油存放时间不宜过长，特别在温度高的夏天极易与空气接触而发生氧化，致使酸败变质。酸败变质的猪油会产生哈喇味，不宜食用。

猪油在面点中的应用最为广泛，因其塑性好，是制作酥性点心的原料，如各种酥饼；另外用猪板油还可制作水晶馅及制作苏式、宁式等月饼的馅料。

2．牛油

牛油是由牛体中脂肪组织熔炼而成（图8-11）。优质的牛油凝固后为淡黄色，如呈淡绿色或淡灰色则质较次。在常温下呈硬块状态，牛油的熔点高于人体的体温，不易被人体消化吸收。

图 8-11　牛油

牛油在面点中的应用较少，主要用于一些风味小吃，如牛油炒面。

3．羊油

羊油是从绵羊或山羊的体内脂肪中提炼出来的。优质的羊油经熔炼冷却后，呈白色或淡黄色，带有轻度淡灰色或淡绿色的质较次，色泽再深时，即不能食用。在常温下，羊油比牛油更硬。绵羊油膻味较轻，山羊油膻味较重，不易消化。

羊油在面点中很少使用，常用于一些地方小吃，如羊肉泡馍，也可作奶油的代用品，用于油炒面，具有独特的醇厚酯香味。

4．鸡油

鸡油是由鸡的脂肪组织提炼出来的，常温下呈半固体状油脂，餐饮业通常采取蒸制法提炼。其质量以色泽金黄、鲜香味浓、水分少、无杂质、无异味为佳。

鸡油中的亚油酸含量较高，熔点较低，是动物油脂中营养价值较高的种类，且利于人体的消化吸收。

由于鸡油的特殊风味，有增加滋味、调和色泽的作用，因此在面点中用于调制馅心或制作小吃的汤料，如鸡油馄饨。

5．鸭油

鸭油是从鸭的脂肪组织中提炼出来的，其熔点很低，利于人体消化吸收，颜色呈金黄色，风味甚佳。

在面点中主要用于制作起酥的点心，如南京的鸭油酥饼。

三、再制油类

1．黄油

黄油又称乳脂、白脱，是由牛乳中取得的油脂。其加工方法为将牛乳用油脂分离机分出稀乳脂后，经发酵（或不发酵）、搅拌、凝集、压制即成黄色固体状的黄油，具有特殊的奶油香味（图8-12）。黄油脂肪含量在80%以上，其余大部分为水和少量乳糖、蛋白质、维生素、矿物质与色素等，营养丰富；亲水性较其他油脂强，容易乳化，易被人体消化吸收。熔点为28～33℃，凝固点为15～25℃，具有奶香味。

图8-12 黄油

因其乳化性、起酥性、可塑性均较好，常被用来调制奶油膏和制作起酥糕点；也可用于制作各种糕点、糖果；在广式点心和西点中运用广泛，是制作面包、蛋糕的主要原料。

2．人造奶油

人造奶油又称麦淇淋，是奶油的代用品，外观同奶油相似，但营养价值、色、香、味不如奶油。是由植物油和动物油按一定配合比例混合加入乳成分的脱脂乳粉、香料、食盐、着色剂、维生素、保存剂、抗氧化剂及乳化剂、水等混合乳化处理，急速冷却、固化等工序制成。制品有半流动状和适当硬度固体状。

人造奶油可作面包、饼干等食品的涂抹食用，使之带有奶油的香味；还可作馅饼、点心馅心使用，在西点中应用较广。

思考题

1. 简述食用油脂的化学成分。
2. 常用的植物油脂和动物油脂的种类有哪些？各有何特点？

9
模块

食品添加剂

▷ 模块导读

学生对食品中常见的一些食品添加剂的性能有所了解，只是对于一些行业中常用而日常生活中又不用的食品添加剂缺乏了解。通过学习本模块，学生对于各种食品添加剂性能有所掌握，并能很好地运用于烹饪实践中。

▷ 学习目标

1. 掌握常见食品添加剂的种类
2. 掌握各种常见食品添加剂的性能

项目一

食品添加剂的概念和分类

项目驱动

本项目主要是学习食品添加剂的基本知识，通过教师的讲授、实物（图片）展示，学生能够掌握食品添加剂的性质，从而掌握食品添加剂在面点中的应用。

知识链接

一、食品添加剂的概念

世界各国对食品添加剂的定义不尽相同，联合国粮农组织（FAO）和世界卫生组织（WHO）联合食品法规委员会对食品添加剂定义为：食品添加剂是有意识地一般以少量添加于食品，以改善食品的外观、风味和组织结构或贮存性质的非营养物质。按照这一定义，以增强食品营养成分为目的的食品强化剂不应该包括在食品添加剂范围内。

我国按照《中华人民共和国食品安全法》第一百五十条，对食品添加剂定义为：食品添加剂，指为改善食品品质和色、香、味以及为防腐、保鲜和加工工艺的需要而加入食品中的人工合成或者天然物质，包括营养强化剂。

按照《食品安全国家标准　食品添加剂使用标准》（GB2760—2014），对食品添加剂定义为：为改善食品品质和色、香、味，以及为防腐、保鲜和加工工艺的需要而加入食品中的人工合成或者天然物质。食品用香料、胶基糖果中基础剂物质、食品工业用加工助剂也包括在内。

目前我国食品添加剂有23个类别，2000多个品种，包括酸度调节剂、抗结剂、消泡剂、抗氧化剂、膨松剂、着色剂、护色剂、酶制剂、增味剂、营养强化剂、防腐剂、甜味剂、增稠剂、香料等。

二、食品添加剂的分类

1. 防腐剂

防腐剂是指能抑制食品中微生物的繁殖，防止食品腐败变质，延长食品贮存期的物质。防腐剂一般分为酸型防腐剂、酯型防腐剂和生物防腐剂。常用的有苯甲酸钠、山梨酸钾、二氧化硫、乳酸等，常用于果酱、蜜饯等食品的加工中。

2. 抗氧化剂

抗氧化剂与防腐剂类似，可以延长食品的保质期，常用的有维生素C、异维生素C等。

3. 增色剂

增色剂又称色素，是使食品着色后提高其感官性状的一类物质。食用色素按其性质和来源可分为食用天然色素和食用合成色素两大类。常用的合成色素有胭脂红、苋菜红、柠檬黄、靛蓝等，它可改变食品的外观，使人们增强食欲。

4. 增稠剂

增稠剂可以改善或稳定冷饮食品的物理性状，使食品外观润滑细腻。它们使冰淇淋等冷冻食品长期保持柔软、疏松的组织结构。

5. 膨松剂

部分糖果和巧克力中添加膨松剂，可促使糖体产生二氧化碳，从而起到膨松的作用，常用的膨松剂有碳酸氢钠、碳酸氢铵、复合膨松剂等。

6. 甜味剂

常用的人工合成的甜味剂有糖精钠、甜蜜素等，目的是增加甜味感。

7. 酸味剂

部分饮料、糖果等常采用酸味剂来调节和改善香味效果，常用的酸味剂有柠檬酸、酒石酸、苹果酸、乳酸等。

8. 香料

香料有合成的，也有天然的，香型很多。消费者常吃的各种口味巧克力在生产过程中广泛使用各种香料，使其具有各种独特的风味。

9. 致嫩剂

致嫩剂通常是指可以使肉类肌纤维嫩化的添加剂。

三、食品添加剂的特点

1. 不作为食品单独食用

添加剂一般使用量较少，许多食品添加剂国家已明令禁止不准使用。因此，一般不能单独作为食品食用。

2. 改善食品质量

食品中加入食品添加剂，主要是为了改善食品的品质和色香味以及防腐的需要，便于食品保管和储存，改善食品的外观和质量。

3. 来源广泛

食品添加剂一部分来源于天然物质，更多的是人工合成，因此来源非常广泛。

四、食品添加剂的作用

1. 利于贮存，防止变质

使用防腐剂和抗氧化剂可以防止由微生物引起的食品腐败变质，延长食品的贮存期，同时还具有防止由微生物污染引起的食物中毒作用，阻止或推迟食品的氧化变质，以提供食品的稳定性和耐藏性，同时也可防止可能有害的油脂自动氧化物质的形成。此外，还可用来防止食品，特别是水果、蔬菜的酶促褐变与非酶褐变。

2. 改善食品的感官性状

适当使用一些食品添加剂，可以明显提高食品的感官质量，包括食品的色、香、味、形态和质地等衡量食品质量的指标，满足人们的不同需要。

3. 保持或提高食品的营养价值

在食品加工时适当地添加某些属于天然营养范围的食品营养强化剂，可以大大提高食品的营养价值，这对防止营养不良和营养缺乏、促进营养平衡、提高人们健康水平具有重要意义。

4. 有利于食品加工，适应生产机械化和自动化

在食品加工中使用消泡剂、助滤剂、稳定剂和凝固剂等，可有利于食品的加工操作，以适应生产的机械化和自动化。

5. 满足其他特殊需要

食品应尽可能满足人们的不同需求。例如，糖尿病人不能吃糖，则可用无营养甜味剂或低热能甜味剂，如三氯蔗糖或天门冬酰苯丙氨酸甲酯制成无糖食品供应。

项目二 食品添加剂的种类与应用

项目驱动

本项目主要是学习食品添加剂的种类及其特点的相关知识，通过教师的讲授、实物（图片）展示，要求能够掌握各种食品添加剂的特点及其在面点中的应用。

知识链接

一、增色剂

增色剂按其性质主要分天然色素与人工合成色素两大类。

1．天然色素

天然色素是指从自然界动植物体中直接提取的色素，基本上是植物色素，也有一些动物色素和微生物色素。

（1）红曲色素　是红曲霉菌产生的色素。它为针状结晶，耐高温，耐光热，不溶于水，可溶于有机溶剂，色调鲜艳有光泽，不易改变且较稳定。在面点中主要用于一些肉类馅心和点缀食品的染色。

（2）紫胶虫色素　是同翅目新蚧总科蚧科的一种最小的蚧壳虫——紫胶虫在豆科的黄檀属、梧桐目的芒木属等植物上所分泌的紫胶原胶中的色素。它可用于糖果、红绿丝等食品的着色。

（3）姜黄素　是由姜科多年生草本植物姜黄的根状茎中提取的黄色色素。它可用于饮料、糖果、糕点等食品的着色。

（4）叶绿素铜钠　是以绿色植物或干燥蚕沙为原料，用酒精或丙酮等提取叶绿素，再使之与硫酸铜或氧化铜作用，由铜取代叶绿素中的镁，再用苛性钠溶液皂化制成膏状或粉末。

叶绿素铜钠在面点中主要是作为面点绿色色素使用，起到增加绿色或点缀的作用。

（5）焦糖色素　以糖类物质为原料加工制成，有不加铵盐和加铵盐生产两类。加铵盐生产的焦糖色泽较好，但有一定的毒性，我国不允许食用。非铵盐生产的焦糖色素是将白糖或饴糖及其他糖类物质在160～180℃的高温下加热使之焦化，掺入适量开水稀释而成的一种液体色素。焦糖色呈红褐色或黑褐色，耐高温，不易变质，易失水凝固，味略甘微苦，有轻微焦味。

焦糖色素在面点中主要是作为馅心的染色和点缀。

2．人工合成色素

人工合成色素是指用人工合成的方法合成的食用色素。一般较天然色素色彩鲜艳，坚牢度大，性质稳定，着色取得任意色调，成本低廉，使用方便。但都有程度不等的毒性，无营养价值，各国对其使用量都有严格控制。

（1）苋菜红　又称蓝光酸性红，为紫红色粉末，无臭，0.1克/升的水溶液呈玫瑰红色，不溶于油脂，耐光，耐热。用量不能超过0.05克/千克。

苋菜红在面点中主要是作为点缀的上色物。

（2）胭脂红　又称丽春红，为红色、暗红色粉末。无臭，易溶于水，不溶于脂肪，耐光，耐酸，遇碱变褐色。用量为0.05克/千克。

胭脂红在面点中主要是用于面点中的涂刷和染色，多用于点缀。

（3）柠檬黄　为橙黄色均匀粉末，无臭，易溶于水，呈黄色，不溶于油脂，耐热，耐酸、耐光性较好。最大用量为0.1克/千克。

柠檬黄在面点中主要是用于面点中的染色和点缀。

（4）日落黄　又称橘黄，呈橙色颗粒或粉末状，无臭，易溶于水，呈橙黄色，不溶于油脂，耐光、耐热性强。最大用量为0.1克/千克。

日落黄在面点中主要是作为面点中的点缀来使用。

（5）靛蓝　又称酸性靛蓝，呈蓝色均匀粉末，无臭，易溶于水而呈深蓝色，不溶于油脂，对热、光、碱、酸都很敏感，着色力强。最大用量为0.1克/千克。

靛蓝在面点中主要是作为面点中的点缀来使用。

3．发色剂

在烹饪中添加适量的化学物质，与食品中某些成分作用使制品呈现良好的色泽，这种化学物质就称为发色剂。

发色剂通常用于火腿、腊肠制作中，在蔬菜腌制时也可使用。发色剂有单独使用的，也有与发色助剂（抗坏血酸钠、异抗坏血酸钠等）并用的。

发色剂可分为肉类使用的亚硝酸盐、硝酸盐和蔬菜、果实中使用的硫酸亚铁两类。

二、膨松剂

凡能使面点制品膨大疏松的物质都可称为膨松剂。膨松剂分为化学膨松剂、生物膨松剂、复合膨松剂三类。

1．化学膨松剂

（1）碳酸氢钠　俗称小苏打、重碱，为白色粉末，无臭味，受热分解出二氧化碳气体，易溶于水，水溶液呈碱性，遇酸会产生酸碱中和反应产生二氧化碳气体。

面点中的应用：碳酸氢钠常用于制作油条、麻花以及各类甜酥面点中。使用时，为了使它在面团中分布均匀，应先用冷水溶解或与液态原料混合后再加入面团中，防止制品出现黄色斑点。

（2）碳酸氢铵　又称臭粉，为白色粉状结晶，有刺鼻的氨气味。在常温下缓慢分解出氨、二氧化碳气体，60℃以上分解迅速。碳酸氢铵易溶于水，水溶液呈碱性。

面点中的应用：一般制作炸制、烤制的点心。它在面点中的使用量少，产气多但氨气残留在制品中影响制品口味，制品表面易出现气孔，色泽偏黄。使用量一般不超过面粉用量的1%。

（3）碳酸钠　又称食碱，呈白色粉末或细粒状，较碳酸氢钠粗。碳酸钠受热一般不能分解出二氧化碳气体，易溶于水，水溶液呈碱性，遇酸则产生酸碱中和反应产生二氧化碳气体。

在面点中的应用：主要用于老酵作为膨松剂的发酵面团，以中和发酵过程中产生的有机酸，产生二氧化碳气体，使制品膨大，如做包子、馒头等。

2．复合膨松剂

复合膨松剂是由碱性剂、酸性剂和填充剂组成的复合型化学膨松剂。

发酵粉又称泡打粉、发粉，是由碱剂、酸剂和添加料配合组成的。它的主要原理是受热时碱剂和酸剂中和反应产生二氧化碳气体。发酵粉呈中性，使用广泛、方便，用量为面粉用量的1%～3%，用量多会影响口味。

面点中的应用：它的应用十分广泛，可用于发酵面团、酥松面团的很多面点制品中。在西点中的应用也是十分广泛的。

3．生物膨松剂

生物膨松剂也称生物发酵剂，是利用酵母在面团中生长繁殖产生二氧化碳气体，使制品蓬松柔软。生物膨松剂可分为以下两大类。

（1）酵母菌　它包括液体鲜酵母、固体鲜酵母、活性干酵母三种。酵母菌的特点是发酵力强，制品口味醇香，但需严格控制发酵温度和温度环境。

面点中的应用：常用于制作发酵面团，如包子、馒头、糕点、面包等品种。

（2）老酵　是前次用剩的发酵面团作为膨松剂。老酵由于菌种不纯，面团发酵后会产生酸味，需兑碱后才能制作面点。老酵发酵是我国传统的发酵方法，经济实惠且风味独特。

面点中的应用：常用于制作包子、馒头等蒸制的面点制品。

三、增稠剂

增稠剂是增加食品的黏度，赋予食品以黏滑适口的感觉的添加剂。

1．植物增稠剂

植物增稠剂是从含有淀粉的粮食、蔬菜或含有海藻多糖的海藻中制取的。

（1）淀粉　又称芡粉，为由许多葡萄糖缩合而成的多聚糖，广泛存在于植物的根茎、果实中。一般为粉末状的干制品。

面点中的应用：用于制作馅心时的勾芡、原料的粘裹定型、面食制作加工时的拍粉材料。

（2）琼脂　又称洋粉、冻粉，是由红藻类的石花菜及同属的其他红藻加工干制而成。琼脂无臭，无味，呈白色或淡黄色，吸水性和持水性强，加热煮沸时分散为溶胶，冷却到45℃以下即可变为凝胶。

面点中的应用：用于制作各种甜点及其点缀，在西点中也广泛使用，还可用于鲜肉馅的掺冻，如水果冻、杏仁豆腐、豌豆黄等。

2．动物增稠剂

（1）明胶　是从动物的皮、骨、软骨、韧带、肌腱中提取的高分子多肽化合物，也称为吉利丁，为白色或微黄色半透明的微带光泽的薄片或粉粒，无挥发性，无特别气味，但有微弱的脂味，不溶于冷水，但能缓慢地吸水膨胀而软化，在热水中易溶解，冷却后便凝结成柔软而有弹性的凝胶。

面点中的应用：用于糕点的制作，也可作为面点中的点缀之用。如水果啫喱、棉花糖等。

（2）蛋白胨　蛋白胨是一种外观呈淡黄色的粉剂，具有肉香的特殊气息。一般来说，用于蛋白胨生产的蛋白包括动物蛋白、植物蛋白和微生物蛋白三种。蛋白胨易溶于水，水溶液呈淡黄色。蛋白胨中不仅含有丰富的氨基酸，特别是含硫氨基酸较多，而且含有较多的细菌生长需要的维生素和其他生长因子。

（3）皮冻　皮冻又称为皮质或皮汤，是以新鲜的猪皮去除杂毛和附着的脂肪后加入水或鲜汤煮制、凝结而成的胶冻。皮冻可分为硬冻和软冻两种，硬冻猪皮与水之比为1：（1～1.5），软冻猪皮与水之比为1：（2～2.5）。夏季往往使用易凝固的硬冻。皮冻一般用于汤包馅心增稠，并使蒸熟的汤包馅心鲜美多汁，也可用于凉菜的制作。

四、致嫩剂

致嫩剂是指可以使肉类肌纤维嫩化的添加剂。

1．木瓜蛋白酶

木瓜蛋白酶是存于木瓜胶乳中的蛋白酶，常用酒精沉淀法从木瓜胶乳中提取，耐热性较强，可在50～60℃时使用。

面点中的应用：主要用于肉类馅心加工时的软化，使肉类馅心软嫩滑爽。

2．菠萝蛋白酶

菠萝蛋白酶是一种糖蛋白，是将菠萝的根茎或果实榨成汁，用丙酮沉淀后冷冻干燥而成，为黄色粉末，含糖量约2%。

面点中的应用：也是用于肉类馅心的嫩化处理。

五、香料

食品生产加工中使用的香料有合成的，也有天然的，香型很多，主要用于增加食品的各种独特的风味。

香精是有强烈挥发性气味的液体，在面点中添加适当的香精，可以丰富成品风味，增进人们食欲。

香精用多种香料调制而成，它包括天然和单体两类香料。天然香料一般对人体无害，但也不宜过多，因个别天然香料中含有黄樟素；单体香料指人工合成香料，与从植物中提炼出来的不同，这种香料在使用时不能超过规定的用量范围，一般为0.15%～0.25%。目前面点中常用的香精有奶油、香草、可可、柠檬、薄荷、椰子、菠萝、杨梅、苹果等香味香精。对于一些特殊制品往往还使用烹调香料，如茴香、桂皮、豆蔻、胡椒等。此外，必须使用按国家规定标准检验合格的产品，不得随意乱用未经检验的香精。

思考题

1. 食品添加剂的概念是什么？
2. 食品添加剂的分类有哪些？
3. 膨松剂分为哪几类？各有何特点？

参考文献

[1] 崔桂友. 烹饪原料学[M]. 北京：中国轻工业出版社，2000.

[2] 聂凤乔. 蔬食斋随笔（第一集）[M]. 北京：中国商业出版社，1983.

[3] 聂凤乔. 蔬食斋随笔（第二集）[M]. 北京：中国商业出版社，1987.

[4] 曹正红，赵红，杨继民. 烹饪原料知识[M]. 北京：高等教育出版社，1992.

[5] 黄勤忠. 烹饪原料知识[M]. 北京：中国商业出版社，2000.

[6] 周宏. 烹饪原料知识[M]. 北京：中国劳动出版社，2007.

[7] 唐文，王吉林. 烹饪原料知识[M]. 大连：东北财经大学出版社，2003.